服务质量驱动的软件服务选择和推荐方法

苏 凯 著

国防工业出版社

·北京·

内 容 简 介

本书重点介绍服务质量驱动的软件服务选择和推荐方法中的有关问题。以军事应用为背景,提出了服务质量驱动的软件服务选择和推荐框架,并就框架中的几个重要科学问题进行论述,包括面向服务选择和推荐的非负矩阵分解模型、服务推荐系统中的相似度传播策略、信任感知的服务质量个性化预测方法、Web 服务的全局优化动态选择等。最后以军队财务信息化为例,探讨面向服务的装备经费软件系统集成建设。

本书可为服务计算、推荐系统、军队财务信息化等相关研究领域的科技工作者和相关院校的师生等提供参考。

图书在版编目(CIP)数据

服务质量驱动的软件服务选择和推荐方法/苏凯著.
北京:国防工业出版社,2024.11. --ISBN 978-7-118-13464-3

Ⅰ.F426.67

中国国家版本馆 CIP 数据核字第 2024K06G601 号

※

国防工業出版社出版发行
(北京市海淀区紫竹院南路 23 号　邮政编码 100048)
北京虎彩文化传播有限公司印刷
新华书店经售

＊

开本 710×1000　1/16　印张 7¼　字数 134 千字
2024 年 11 月第 1 版第 1 次印刷　印数 1—1000 册　定价 68.00 元

(本书如有印装错误,我社负责调换)

国防书店:(010)88540777	书店传真:(010)88540776
发行业务:(010)88540717	发行传真:(010)88540762

前　言

目前,传统的以"系统为中心"构建的军事信息系统,在具体应用中表现出互操作性弱、可扩展性差、灵活性低和无法适应动态的应用需求等缺陷。因此,如何基于新的软件构建理论和技术建设军事信息系统,提高其信息共享、业务协同和动态重组等能力,以发挥信息在未来战争中的主导因素是未来军事信息系统的重要研究方向。

近年来,随着服务计算、云计算技术的发展,越来越多的组织和机构选择采用面向服务架构方式构造其核心业务软件,从而为跨组织、跨地域和跨平台的异构软件互操作提供全新的解决方案,以更好地适应不同业务场景下的软件动态灵活构造需求。Web 服务是实现面向服务架构的一种重要技术,具有互操作性强、平台独立、松耦合和自描述等特点,使得处于开放网络中的系统可方便快捷地以服务的形式对外共享其应用功能和信息资源。

网络中的原子 Web 服务通常只能实现简单的功能,难以适应用户复杂的应用需求,因此需将已有的原子 Web 服务按照特定的业务流程进行有效组合,以灵活地构建新的、更加复杂和强大的组合服务,从而满足实际军事应用中日趋复杂的需求。服务组合通过将网络上若干细粒度的 Web 服务按照特定的应用组合逻辑构建粗粒度的、满足业务要求的组合服务,从而扩展服务的应用功能。在该模式下,服务使用方的开发人员仅关注组合服务的接口和功能,无须关注其内部组成和结构,从而降低了业务系统构建和后期软件维护的复杂性。在服务组合模式下构建的业务信息系统的软件质量和可靠性高低取决于所选择的软件服务的质量与可靠性高低。如何在组合服务过程中,在广域网环境下,为业务流程上的各功能结点选取或推荐高质量和高可靠性的 Web 服务,成为提高应用信息系统质量和可靠性的核心技术。

当前,度量 Web 服务质量和可靠性的主要指标是服务质量(quality of service,QoS)。随着 Web 服务技术的快速发展和我军信息化水平的提升,网络上可满足相同功能性需求而 QoS 各不相同的相似 Web 服务呈指数增长,服务选择的目标逐渐由简单的功能性匹配向追求 QoS 优异的组合服务转变。服务质量驱动的服务选择和推荐技术旨在从大量满足功能性需求的候选服务中选择出 QoS 性能优异的 Web 服务,从而使组合服务的整体 QoS 得到保障,为构建高质量的组合服务流程提供了有效途径。

由于 Web 服务处于开放的环境中,网络环境的多变性、服务器环境和用户环境等因素都可能造成 Web 服务在实际运行时 QoS 波动性较大,因此用户在服务选择过程中难以准确地掌握候选服务的真实 QoS,导致服务选择结果的实际 QoS 与预期值可能偏差较大,进而影响组合服务的可靠性和质量。因此在服务选择前,如何确保 Web 服务的 QoS 数据的可靠性就显得尤为重要。此外,由于网络上候选服务数的激增,QoS 驱动的服务全局最优选择被证明是一个 NP 完全问题,难以在多项式时间内完成最优解的搜索,与用户对组合服务的实时性需求相矛盾。

本书以作者多年的研究成果和技术资料为基础,针对服务质量驱动的服务选择和推荐方法中的若干问题进行了阐述。首先以军事应用为背景,介绍面向服务架构的软件构造方式,针对在软件构造过程中如何实现高质量的服务组合这一难点,提出了服务质量驱动的服务选择和推荐框架;然后重点针对如何提高 Web 服务 QoS 数据的可靠性以及 QoS 全局最优的 Web 服务快速选择等技术展开研究,以提高组合服务的质量、可靠性和实时性,从而为面向服务的军事信息系统构建提供前瞻性基础理论研究。本书在国内外已有的相关研究成果的基础上,重点研究了基于可靠 QoS 数据的 Web 服务选择相关技术,针对造成 QoS 数据不可靠的主观人为因素和客观环境因素,分别研究了虚假 QoS 反馈滤除方法和 QoS 个性化预测方法,以提高 QoS 数据的可靠性,并且针对大规模服务组合中服务选择算法的实时性较低的问题,研究了一种可快速实现服务全局最优动态选择的新型智能优化算法。通过上述研究成果,可为用户提供可靠的、实时性高的和 QoS 优异的服务选择方案,从而为 Web 服务技术在军事、经济和商业等领域中的应用提供一定的参考。本书的主要内容总结如下。

(1) 以军事应用中的"装备器材申领"工作为例建立了 Web 服务组合工作流模型,确定了包含响应时间、吞吐量、可靠性和可用性等 QoS 属性的四维 Web 服务的 QoS 模型,给出了各 QoS 属性在组合服务下的度量方法,进而采用 QoS 效用函数对组合服务的 QoS 性能进行量化评估。从而提出一种服务质量驱动的服务选择和推荐框架，主要从 QoS 可信性保证、QoS 个性化预测和 Web 服务全局最优快速选择 3 个方面保障 Web 服务选择的质量、可靠性和实时性。

（2）针对用户的虚假 QoS 反馈问题，提出一种信任感知的 Web 服务的 QoS 个性化预测方法。该方法通过挖掘一组可信邻居和相似服务来为当前用户预测目标 Web 服务的未知 QoS。实验表明，该方法在面临大量不可信用户反馈数据攻击下，可以保持较好的鲁棒性和预测准确度。

（3）针对客观环境因素造成的不同用户对相同服务的 QoS 体验差异性较大的问题，提出一种通过挖掘已有 QoS 观测数据中的近邻信息和隐含特征信息而实现 QoS 个性化预测的方法。该方法首先假设 QoS 观测数据产生于一个低维线性模型和高斯噪声的叠加，进而将稀疏 QoS 矩阵下的 QoS 预测问题转化为模型参数的期望最大化估计问题；然后提出一种结合近邻信息的非负矩阵分解算法对该问题进行求解，以实现 Web 服务的不同类型 QoS 属性值的准确预测，从而提高了 QoS 数据的可靠性。

（4）针对基于内存的服务质量协同过滤方法中，现有相似度计算方法在稀疏数据条件下难以准确度量的问题，提出一种相似度传播策略，用于评估用户间或服务间的间接相似度。首先通过 QoS 数据计算用户间和服务间的直接相似度，并基于相似度数据构建用户相似度图和服务相似度图；其次通过相似度图搜索用户间和服务间的相似度传播路径，进而介绍两种间接相似度传播策略，并设计了基于 Flyod 的算法用于实现这两种策略；最后通过集成直接相似度和间接相似度对相似度进行准确度量。通过实验评估可以表明，该方法可以显著提升基于内存的协同过滤方法的预测准确度，且不易受参数的影响。

（5）针对大规模服务组合中服务选择算法的实时性和全局优化能力较低的问题，提出一种离散十进制杂草优化服务选择算法。该算法将服务质量驱动的服务全局最优选择问题建模为带约束的非线性最优化问题，然后借鉴了自然界中入侵性杂草的生存规律，通过杂草种群的初始化、生长繁殖、空间扩散和竞争排除等基本步骤实现对服务选择解空间的并行搜索，从而在有效时间内获取全局最优或全局近似最优解。

（6）以作者多年的科研项目实践为背景，讨论了如何以面向服务的架构模式对装备经费软件系统进行业务集成改造，并且通过构建装备经费数据仓库，实现对国防科研试制费、装备订购费、装备维修项目经费和装备维修标准经费等装备经费

V

管理系统的业务与数据集成。为实现松耦合、跨平台、可集成的装备经费软件系统,解决装备经费软件系统业务互操作和数据共享问题,提供一定的理论参考。

本书得到国家自然科学基金(61802425)、海军工程大学青年人才扶持工程计划、军队装备军内科研项目(HJ20202C050317)的资助。海军工程大学的各位同仁在本书创作过程中提供了宝贵意见,在此一并致以深切的谢意。由于作者水平有限,书中难免存在不足之处,诚望读者批评指正。

目　　录

第1章　面向服务的体系架构概述 ·· 1

  1.1　Web 服务和面向服务的体系架构 ·· 1
  1.2　服务质量 ·· 2
  1.3　Web 服务组合 ··· 5
  1.4　Web 服务选择和推荐 ·· 7
  1.5　本章小结 ·· 9
  参考文献 ·· 9

第2章　服务质量驱动的软件服务选择和推荐框架 ································· 12

  2.1　Web 服务组合工作流模型 ·· 12
  2.2　组合服务的服务质量模型 ··· 15
  2.3　服务质量驱动的 Web 服务选择和推荐框架 ································· 17
  2.4　本章小结 ·· 20
  参考文献 ·· 20

第3章　面向服务选择和推荐的非负矩阵分解模型 ································· 22

  3.1　服务质量预测模型 ·· 24
  3.2　服务质量预测模型的参数估计 ·· 26
  3.3　服务质量预测算法——结合近邻信息的非负矩阵分解算法 ············ 28
      3.3.1　近邻信息挖掘 ·· 30
      3.3.2　基于服务的最近邻协同过滤 ··· 31
  3.4　算法复杂度分析 ··· 31
  3.5　实验分析 ·· 32
      3.5.1　评价指标 ·· 33
      3.5.2　准确度评估 ·· 33

3.5.3 有效性实验 35
3.5.4 收敛性实验 36
3.5.5 Top-N 值对预测准确度的影响 37
3.5.6 特征因子数 k 对预测准确度的影响 39
3.6 本章小结 40
参考文献 41

第 4 章 服务推荐系统中的相似度传播策略 43

4.1 相似度传播服务推荐框架 43
4.2 动机范例 45
4.3 相似度计算 46
  4.3.1 直接相似度计算 46
  4.3.2 间接相似度计算 47
  4.3.3 相似度集成 50
4.4 缺失服务质量预测 50
4.5 算法的时间复杂度 51
4.6 实验分析 52
  4.6.1 预测准确度评估 52
  4.6.2 时间性能评估 55
  4.6.3 Top-K 值对预测准确度的影响 56
4.7 本章小结 58
参考文献

第 5 章 信任感知的服务质量个性化预测方法 60

5.1 信任感知的服务质量预测框架 61
5.2 基于用户的聚类 64
5.3 基于服务的聚类 67
5.4 综合预测 69
5.5 时间复杂度分析 69
5.6 实验验证 70
5.7 本章小结 77
参考文献

第 6 章 Web 服务的全局优化动态选择 78

6.1 引言 78

6.2 服务质量驱动的服务选择问题建模 ……………………………… 79
6.3 离散入侵杂草优化服务选择算法 ………………………………… 80
   6.3.1 初始化操作 …………………………………………………… 82
   6.3.2 生长繁殖 ……………………………………………………… 83
   6.3.3 空间扩散 ……………………………………………………… 84
6.4 算法理论分析 ……………………………………………………… 86
   6.4.1 时间复杂度分析 ……………………………………………… 86
   6.4.2 收敛性分析 …………………………………………………… 87
6.5 实验分析 …………………………………………………………… 87
   6.5.1 最优度评估 …………………………………………………… 88
   6.5.2 有效性实验 …………………………………………………… 89
   6.5.3 收敛性实验 …………………………………………………… 90
6.6 本章小结 …………………………………………………………… 92
参考文献 ………………………………………………………………… 92

第7章 面向服务的装备经费软件系统集成建设 ……………………… 94

7.1 引言 ………………………………………………………………… 94
7.2 面向服务的装备经费软件系统集成体系结构 …………………… 95
7.3 面向服务的装备经费软件系统集成技术框架 …………………… 98
7.4 装备经费软件系统数据集成与分析 ……………………………… 102
7.5 本章小结 …………………………………………………………… 106

第1章 面向服务的体系架构概述

面向服务的体系架构(service oriented architecture,SOA)是以 Web 服务为基本软件组件单元构造软件系统的新型软件体系结构。SOA 于 2018 年正式被《计算机科学技术名词》第三版收录,已经成为当前跨领域、跨地区、跨平台的异构软件系统建设的主要方式。本章主要介绍面向服务的体系架构的基本概念、应用场景和其中的关键科学问题。

1.1 Web 服务和面向服务的体系架构

根据万维网联盟(W3C)的定义,Web 服务是由通用资源标识符(URI)标记的一种软件组件,其公共接口和绑定方法由可扩展标记语言(extensible markup language,XML)进行定义和描述;同时,其他软件系统可根据 Web 服务的描述对其进行发现以及通过 Internet 协议与其交换基于 XML 的消息。简言之,Web 服务是一种自描述、自包含、平台独立和松耦合的分布式应用,由于建立在简单对象访问协议(simple object access protocol,SOAP)、Web 服务描述语言(Web service description language,WSDL)和通用描述、发现与集成(universal description discovery and integration,UDDI)等一系列基于 XML 的开放标准和协议基础上,使得 Web 服务可在网络中被描述、发布、发现、绑定和调用等[1]。

采用 SOA 模式构建的应用系统由若干个 Web 服务功能单元以及它们之间的依赖关系组成,这些 Web 服务功能单元可以由分布在不同地区的异构系统提供,其功能接口采用通用的开放标准进行良好定义,服务之间的依赖关系可以是简单的数据交互或复杂的协作活动。SOA 和 Web 服务技术使得处于开放式网络中的异构系统可方便地以服务的形式对外共享其应用功能和信息资源,提高了分布在不同系统中的功能组件的可重用性,可大大降低应用系统的开发时间和开发成本,为跨地区、跨组织和跨系统的异构军事信息系统综合集成提供了新的解决方案。

在 Web 服务体系结构中,主要包含 3 个基本角色和 3 种基本操作,如图 1.1所示。

3 个基本角色分别为服务提供者、服务请求者和服务注册中心,3 种基本操作分别为服务的发布、查找和绑定。其中,服务提供者对 Web 服务的功能和接口信

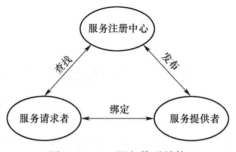

图 1.1 Web 服务体系结构

息等进行描述,并将其发布到服务注册中心;服务请求者通过在服务注册中心的查找操作,发现符合其需求的 Web 服务,然后根据 Web 服务的描述信息完成对服务的绑定。不同角色之间的功能交互由一系列基于 XML 的开放标准和协议实现,如 WSDL、UDDI 和 SOAP 等。WSDL 协议用于描述 Web 服务的功能、接口和位置等信息,以实现对服务的发布、查找和调用等操作。UDDI 标准用于实现对 Web 服务的注册,其采用结构化数据对 Web 服务和服务提供者的相关信息进行描述,以供其他用户查找和调用 Web 服务。SOAP 协议是一种基于 XML 的轻量级分布式对象传输协议,由基于 XML 的消息封装机制、一组数据编码规则和远程过程调用(RPC)响应机制 3 个部分组成,通过与现有的超文本传输协议(hyper text transfer protocol,HTTP)等因特网协议相结合,可实现因特网上的不同 Web 服务之间的消息传递。

由于 Web 服务使用了基于 XML 的开放标准和协议,从而真正实现了跨平台和跨编程语言的应用系统无缝融合,解决了分布式组件对象模型(distributed component object model,DCOM)和通用对象请求代理体系结构(common object request broker architecture,CORBA)等传统分布式计算模型难以实现的因特网环境下的分布式异构系统集成问题[2]。

1.2 服务质量

服务质量(quality of service,QoS)是描述 Web 服务的服务质量的一系列非功能属性的集合,随着 Web 服务技术的发展,网络上出现了大量可实现相同功能的相似 Web 服务,QoS 逐渐成为用户评价 Web 服务优劣性的重要标准。由于组成 SOA 应用系统的各 Web 服务通常处于开放的环境中,网络环境、服务器环境以及 Web 服务自身的动态性等均可能造成诸如服务执行时间过长、服务调用失败或服务不可用等非功能性问题,导致整个应用系统的效率、可靠性和可用性等性能难以得到保证。因此,服务用户通常要求服务提供者对其 Web 服务的 QoS 进行描述并提供相应的QoS保障,然后通过选择QoS优异的Web服务进行应用系统的构建,以保证系统的整体运行性能。

近年来,不同研究者从不同角度对Web服务的QoS进行了研究和阐述。例如,文献[3]中对可用性、吞吐量和响应时间等与Web服务性能相关的QoS属性进行了讨论,是最早关注到QoS对于Web服务的重要性的研究成果之一。文献[4]认为,Web服务的QoS可分为运行性能、事务支持、配置管理、费用、安全性等几个类别,进而对每类下的具体QoS属性进行了描述,并定义了部分QoS属性的量化计算方法。文献[5]将QoS分为通用QoS属性和领域相关QoS属性两大类。通用QoS属性属于Web服务的公共特性,包括响应时间、费用、可靠性、可用性、信誉度等;领域相关QoS属性是指不同领域特有的QoS属性(如电话服务中的服务中止赔付率等),同时提出了一种可扩展的QoS计算模型,该模型可以对QoS属性进行任意地裁剪,而无须修改底层计算机制。文献[6]提出一种树状的QoS模型,将服务的QoS分为成本、时间性能、操作性能、通用属性和领域属性等几类,进而建立了基于Web本体语言(Web ontology language,OWL)服务的QoS本体,以便对QoS的相关特征进行描述。文献[7]对现有Web服务的QoS属性进行了全面的分析和分类,给出了大部分QoS属性的定义和量化方法,建立了相应的QoS本体,并对属性之间的关系进行了阐述。

QoS属性可以定义为一个四元组<Name,Value,Unit,PreferType>,其中Name表示QoS属性的名称,Value表示QoS属性的取值,Unit表示QoS属性的取值单位,PreferType表示QoS属性的取值倾向类别,包括积极和消极两类。对于积极QoS属性,取值越大,则表示QoS性能越优;而对于消极QoS属性,取值越大,则表示QoS性能越差。图1.2给出了Web服务几类常用的QoS属性构成图。

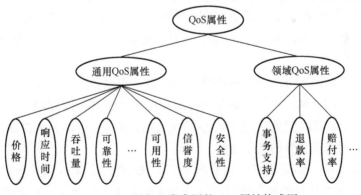

图1.2 Web服务几类常用的QoS属性构成图

图1.2中所示的Web服务的QoS属性主要包含通用QoS属性和领域QoS属性两类。通用QoS属性主要描述Web服务的服务价格、响应时间、可靠性等公共

质量特征。领域 QoS 属性与 Web 服务所属的应用领域相关,不同领域的用户可根据其需求定制相应的领域 QoS 属性,如在电子商务领域,用户比较关心服务提供者无法按照订单正常发货时的退款率和赔付率,因此可提出相应的退款率和赔付率 QoS 需求。

以下对 Web 服务几个关键的通用 QoS 属性进行描述和定义。

(1) 价格。Web 服务的价格 $q_{\text{cost}}(s)$ 是指服务请求者在调用服务时需支付给服务提供者的费用,服务的价格由服务提供者在服务描述中给出。价格属于消极属性,服务的价格越低对用户越具有吸引力。

(2) 响应时间。Web 服务的响应时间 $q_{\text{time}}(s)$ 是指服务请求者从发出服务请求到接收到服务响应结果之间的等待时间,一般以秒为计量单位[5,8]。服务的响应时间 $q_{\text{time}}(s)$ 由服务的运行时间 $T_{\text{p}}(s)$ 和网络传输时间 $T_{\text{r}}(s)$ 两部分构成。服务的运行时间 $T_{\text{p}}(s)$ 由服务提供者在服务描述中给出并提供相应的保证;网络传输时间 $T_{\text{r}}(s)$ 则可根据服务的历史运行记录估计为 $T_{\text{r}}(s) = \sum_{i=1}^{n} T_i(s)/n$,其中 n 为服务 s 被执行的总次数,$T_i(s)$ 为服务第 i 次执行时的网络传输时间。响应时间为消极属性,服务的响应时间越低意味着服务的性能越好。

(3) 吞吐量。Web 服务的吞吐量 $q_{\text{thr}}(s)$ 是指服务在单位时间内可成功接收的平均数据量,一般以 kb/s 为计量单位[7,9]。吞吐量为积极属性,服务的吞吐量越高表示服务的性能越好。

(4) 可靠性。Web 服务的可靠性 $q_{\text{rel}}(s)$ 是指服务能够在指定时间范围内成功执行的概率。服务的可靠性与服务请求者和服务提供者之间的网络状况,以及各自的软硬件配置相关。可靠性可根据服务的历史运行记录中成功和失败的次数进行估计[8,10],假如令 M 为服务 s 被调用的总次数,$N(s)$ 为成功执行的次数,则服务 s 的可靠性可估计为 $q_{\text{rel}}(s) = N(s)/M$。可靠性属于积极属性,服务的可靠性越高越好。

(5) 可用性。Web 服务的可用性 $q_{\text{av}}(s)$ 是指当服务请求者发出服务请求时,服务做出响应的概率[7-8,10]。服务的可用性可表示在某个时间段 θ 中,服务可用的时间 $T_{\theta}(s)$ 占总时间的比例,即 $q_{\text{av}}(s) = T_{\theta}(s)/\theta$。可用性为积极属性,服务的可用性越高意味着服务的性能越好。

(6) 信誉度。Web 服务的信誉度 $q_{\text{rep}}(s)$ 是用户对 Web 服务信任程度的度量[5]。Web 服务的信誉度主要通过综合众多服务用户在过去一段时间内对服务的使用评价而形成。不同用户对相同服务的体验以及评价标准苛刻程度不一,因此通常具有不同的评价意见,通过综合不同用户对服务的评分,可形成服务的信誉度。假如共有 n 个用户对服务 s 有过评分行为,并且令用户 i 对服务 s 的评分为

$R_i(s)$，则服务 s 的信誉度可表示为 $q_{\text{rep}}(s) = \sum_{i=1}^{n} R_i(s)/n$。信誉度为积极属性，服务的信誉度越高表示服务的性能越好。

（7）安全性。Web 服务的安全性 $q_{\text{sec}}(s)$ 是指服务在面对外来恶意攻击时对数据完整性和私密性的保证程度[7]。服务提供者通常可以通过授权、认证机制、加密机制等提高 Web 服务的安全性。安全性为积极属性，服务的安全性越高表示服务的性能越好。

1.3 Web 服务组合

网络上面向单一功能需求的 Web 服务一般称为原子 Web 服务，其通常只能实现简单的功能，而难以满足用户复杂的应用需求，因此需将已有的原子 Web 服务按照特定的业务流程进行有效组合，以灵活地构建新的、更加复杂和强大的组合服务，从而适应用户日趋复杂的应用需求[11-13]。例如，一个旅游行程推荐服务可以由多个原子 Web 服务组合而成，包括天气查询服务、订票服务、酒店预订服务、滴滴打车服务等，从而为用户提供一个覆盖旅行行程规划完整业务流程的组合服务。服务组合通过将网络上若干细粒度的 Web 服务按照给定的应用逻辑构建粗粒度的、具备业务内涵的组合服务，以实现服务的增值，从而使各类业务系统得以灵活地扩展，并且使开发人员可专注于组合服务的接口和功能而无须关注其内部组成和结构，降低了业务系统构建的复杂性，同时组合后的粗粒度服务本身可作为服务单元对外开放，因此可促进不同业务系统之间的业务共享和业务协同。

下面以军事应用中的"装备器材申领"工作为例说明 Web 服务组合的具体应用场景，如图 1.3 所示。该应用场景描述了某型舰船在一次装备维修任务中，向器材仓库申领某型装备维修器材的业务过程。由于舰船用户在申领器材的过程中，可能只了解器材需满足的功能，而对目前存在哪些可满足该功能需求的候选器材不甚了解，并且也难以准确掌握各种候选器材的性能以及在各个仓库的库存情况等信息，因此需依靠器材查询、器材性能查询和器材库存查询等 Web 服务为其提供相应信息，以辅助用户选定待申领的目标器材和目标仓库，然后将器材申领请求提交给目标仓库的器材发放 Web 服务，实现目标器材的发放过程。

图 1.3 Web 服务组合的军事应用场景

以上业务过程表明，仅依靠已有的某个原子 Web 服务无法实现舰船用户"器材申领"这一复杂应用功能,因此需将已有的Web服务按照给定的业务逻辑进行有效组合,以形成具备完整业务功能的组合服务提供给用户。

近年来,不同研究者从不同角度对Web服务组合问题进行了大量研究。部分研究者根据参与组合的实体Web服务绑定时机的不同,将Web服务组合分为静态服务组合和动态服务组合两类[14]。静态服务组合在流程设计阶段确定参与组合的实体Web服务,在组合服务运行时无法更改,多用于业务流程较为固定且用户使用频率较高的应用场景下。动态服务组合在组合服务运行时动态地发现和选择实体Web服务进行绑定,其特征在于可根据动态变化的用户应用需求和服务运行环境灵活地调整服务组合流程,因此相较静态服务组合而言,更适用于开放的、动态的、复杂多变的网络环境。本书主要以动态服务组合为目标,研究相应的服务选择技术。

此外,还有部分研究者则更关注Web服务组合中的人工参与程度,根据服务组合的"自动化"程度可将目前已有的服务组合方法分为基于工作流模型的Web服务组合[15-19]和基于人工智能的Web服务组合[20-23]两大类。前者为过程模型驱动的服务组合方法,包含大量的人工参与过程,通常采用BPEL4WS[24]等Web服务工作流执行语言对组合服务的业务流程进行描述,工作流中的每个活动对应一个抽象服务结点,只包含对服务的功能需求描述而不指定具体的实体服务,当组合服务执行时,再为各个服务结点动态绑定相应的实体服务;后者为语义模型驱动的服务组合方法,其特点在于人工参与过程少,自动化程度高,通常采用OWL-S[25]、WSMO[26]等Web服务本体描述语言对Web服务进行描述,使Web服务包含可被计算机系统识别的语义信息,然后根据用户需求描述,采用人工智能技术自动规划生成组合服务流程。基于工作流的过程驱动服务组合方法采用直观的图形化设计界面,实现较为简单,且具有较强的灵活性和动态性,得到了学术界和工业界的广泛关注,本书主要针对该类型Web服务组合方法展开服务选择技术的研究。

基于工作流的过程驱动Web服务组合过程可以简述如下:首先,由BPEL4WS等Web服务工作流执行语言对组合服务的业务流程进行描述,工作流中的每个活动对应一个只包含服务的功能需求定义的抽象服务结点;然后,服务发现引擎利用现有的服务注册机构或服务搜索引擎(如UDDI和Seekda等)对抽象服务结点和实体服务进行语法或语义上的功能性匹配,从而为每个抽象服务结点挖掘出若干个有效的实体Web服务;最后,由服务选择中间件为组合流程中的每个抽象服务结点选择一个实体服务进行绑定,以生成可执行的组合服务实例[27]。

1.4 Web 服务选择和推荐

在基于工作流的 Web 服务组合过程中,组合服务的各个功能结点以抽象服务的形式给出,各个抽象服务结点只包含对服务的功能性描述,而并不指定具体的实体 Web 服务,为了生成可执行的组合服务流程,需对各个抽象服务结点进行实例化,即从若干个候选服务中选择出可满足各个抽象服务结点功能性和非功能性需求的实体 Web 服务进行绑定,该过程称为 Web 服务选择。Web 服务选择也可由系统根据各实体 Web 服务的特点主动向用户推荐质量优异的服务,该过程称为 Web 服务推荐。Web 服务选择和推荐作为 Web 服务组合中的关键环节,已成为工业界和学术界广泛关注的重要研究热点之一。

为了便于对服务选择技术进行讨论和分析,首先给出 Web 服务选择中若干概念的形式化定义。

定义 1.1 服务类:服务类 $S_j = \{s_{1j}, s_{2j}, \cdots, s_{mj}\}$ 是指一组功能等价的 Web 服务的集合,其中 $s_{ij}(1 \leqslant i \leqslant m)$ 为服务类 S_j 中的第 i 个实体 Web 服务。

定义 1.2 抽象组合服务:抽象组合服务 $CS_{\text{abstract}} = \{S_1, S_2, \cdots, S_n\}$ 是指一个组合服务请求的抽象表示。抽象组合服务的每个抽象服务结点 $S_j(1 \leqslant j \leqslant n)$ 指定一个服务类,只对服务的功能描述和接口信息进行定义,而不指定具体的 Web 服务。

定义 1.3 实体组合服务:实体组合服务 CS 是指抽象组合服务的一个实例。通过为抽象组合服务的每个结点 S_j 绑定一个实体服务 s_{ij} 而得到实体组合服务。

Web 服务选择主要包含功能驱动的 Web 服务选择和 QoS 驱动的 Web 服务选择两类。功能驱动的 Web 服务选择是指从若干个候选服务中选择出符合用户功能性需求的 Web 服务;QoS 驱动的 Web 服务选择是指从若干个候选服务中选择出符合用户 QoS 需求的 Web 服务[28]。随着 Web 服务技术的快速发展,网络上出现了大量可满足相同功能,而 QoS 水平各不相同的 Web 服务,用户在服务选择的过程中将更多地关注能否从大量满足其功能性需求的候选服务中选择出 QoS 性能优异的 Web 服务,因此众多学者对 Web 服务选择技术研究的侧重点也已经从功能驱动的 Web 服务选择向 QoS 驱动的 Web 服务选择转变。图 1.4 给出了 QoS 驱动的 Web 服务选择过程示意图。

在图 1.4 中,$t_1, t_2, \cdots, t_n$ 表示组合服务流程中的 n 个抽象服务结点,每个抽象服务结点的功能均可由若干个实体 Web 服务实现。例如,对于 t_1 结点,通过服务发现引擎可发现存在 $s_{11}, s_{21}, \cdots, s_{m1}$ 等 m 个候选服务满足其功能性需求。为了便于讨论,假设各个抽象服务结点均包含 m 个候选服务,不难发现该组合服务流程共有 m^n 种服务选择方案,QoS 驱动的 Web 服务选择目标就是从这 m^n 种服务选择

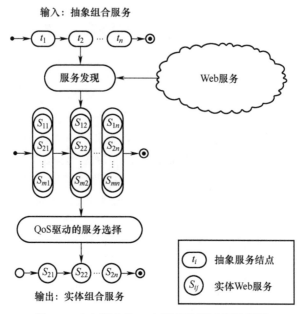

图 1.4 QoS 驱动的 Web 服务选择过程示意图

方案中筛选出能充分满足用户 QoS 需求的最优方案。显然,当 m 和 n 值较大时,采用穷举法对这 m^n 种服务选择方案的 QoS 进行计算和比较将占用系统大量的计算资源与时间资源,难以满足用户对组合服务的实时性需求。随着 Web 服务技术的发展,网络上可满足相同功能的 Web 服务数量呈指数增长,同时用户的应用需求也越来越复杂,造成服务组合任务的抽象服务结点数 n 和候选服务数 m 均呈现出加速增长的趋势。因此如何从大规模的服务选择方案中选择出符合用户 QoS 需求的最优方案,同时保证最优方案的计算时间在可接受的范围内,成为 Web 服务选择中的重要难点,也是近年来学者们广泛关注的研究热点之一。

QoS 驱动的 Web 服务选择和推荐强调从 QoS 最优的角度对服务选择过程进行优化,一种很自然的优化思路是不考虑组合服务中各个抽象服务结点之间的关联关系,独立地从各个抽象服务结点对应的服务类中选取 QoS 最优的服务,然后由这些局部最优服务按照给定的业务逻辑构造组合服务。显然,假如只考虑单一的 Web 服务的 QoS 属性(如在优化过程中,只考虑 Web 服务的响应时间),基于局部最优策略的服务选择方案同时也是全局最优的,然而在实际应用中,用户通常对 Web 服务具有多维的 QoS 需求,例如不仅要求组合服务的响应时间尽可能低,还对组合服务的可靠性、可用性和吞吐量等 QoS 属性提出相应的需求,而这些 QoS 属性之间有时还存在互斥的关系。在该条件下,基于局部最优策略的服务选择方案难以保证其全局的最优性,并且由于未从组合服务的整体角度上把握 QoS,因此也无法处理用户对组合服务的全局 QoS 约束(如组合服务的总响应时间低于某值)。鉴于局部最优服务选择策略的不足,研究者提出从全局优化的角度对服务选择问题进行求解。全局优化选择策略一般首先对组合服务的各个 QoS 属性的聚合值进行计算;然后将组合服务的多维 QoS 属性值映射成一个可反映组合服务 QoS 性能优劣性的实数;最后选取令该实数值最大的服务选择方案作为全局优化选择的输出结果,并且通过在全局优化过程中为各个 QoS 属性添加全局性约束,可保证输出的服务选择结果满足用户的全局 QoS 约束。鉴于基于全局优化策略的服务选择技术可保证组合服务 QoS 的全局最优性以及可处理用户全局 QoS 约束等特点,本书主要讨论 Web 服务的全局最优选择问题。

由于 Web 服务处于开放的环境中,网络环境的多变性、服务器环境和用户环境等因素都可能造成 Web 服务在实际运行时的 QoS 波动性较大,因此用户在服务选择过程中难以准确地掌握候选服务的真实 QoS,导致服务选择结果的实际 QoS 与预期值可能偏差较大,进而影响组合服务的可靠性和质量。因此在服务选择前,如何确保 Web 服务的 QoS 数据的可靠性就显得尤为重要。此外,由于网络上候选服务数的激增,QoS 驱动的 Web 服务全局最优选择被证明为一个 NP 完全问题,难以在多项式时间内完成最优解的搜索,与用户对组合服务的实时性需求相矛盾。基于以上分析,本书主要针对如何提高 Web 服务的 QoS 数据的可靠性、可信性以及 QoS 全局最优的 Web 服务快速选择等技术展开研究,以提高组合服务的质量、可靠性和实时性,从而为采用 Web 服务技术构建新型面向服务的军事信息系统提供基础理论。

1.5 本章小结

本章主要对面向服务的体系架构的相关基础理论和技术背景进行了阐述与分析。首先介绍了 Web 服务的基础概念、体系架构和相关协议标准;其次对 Web 服务的 QoS 的概念和作用进行了阐述,并介绍了 Web 服务的几类常用 QoS 属性的定义和度量方法;再次以军事应用中的"装备器材申领"工作为例对 Web 服务组合的相关概念、应用场景以及目前已有的服务组合方法进行了描述和说明;最后给出了 Web 服务选择和推荐中若干概念的定义,对服务选择中存在的难点进行了讨论。

参 考 文 献

[1] 郭得科,任彦,陈洪辉.一种 QoS 有保障的 Web 服务分布式发现模型[J].软件学报,2006,17(11):2324-2334.
[2] 饶元,冯博琴.新网络体系结构-Web Services 研究综述[J].计算机科学,2004,31(5):1-4.

［3］ MENASCE D.QoS issues in Web services［J］.IEEE Internet Computing,2002,6(6):72-75.

［4］ RAN S.A Model for Web Services Discovery with QoS［J］.ACM Sigecom exchanges,2003,4(1):1-10.

［5］ LIU Y,ANNE H,ZENG L.QoS computation and policing in dynamic Web service selection［C］.In Proc.of the WWW,ACM,2004:66-73.

［6］ TONG H,CAO J,ZHANG S,et al.A fuzzy evaluation system for Web services selection［J］.Kybernetes,2009,38(3):513-521.

［7］ GODSE M,BELLUR U,SONAR R.A taxonomy and classification of Web service QoS elements［J］. Interational Journal of Communication Networks and Distributed Systems, 2011, 6(2): 118-141.

［8］ ZENG L,BENATALLAH B,DUMAS M.Quality driven web services composition［C］.In Proceedings of the International World Wide Web Conference,2003:411-421.

［9］ ZHENG Z,ZHANG Y, R LYU M.Distributed QoS evaluation for real-world Web services［C］. IEEE International Conference on Web Services,2010:83-90.

［10］ MAXIMILIEN E,SINGH M.A Framework and ontology for dynamic Web services selection［J］. IEEE Internet Computing,2004(9):84-93.

［11］ ALRIFAI M,SKOUTAS D,RISSE T.Selecting skyline services for QoS-based Web service composition［C］.In International World Wide Web Conference,2010:11-20.

［12］ BERBNER R,SPAHN M,REPP N,et al.Heuristics for QoS-aware Web service composition［C］. IEEE International Conference on Web Services,2006:72-82.

［13］ 舒振,陈洪辉,罗雪山.基于对象Petri网的军事信息服务组合与验证方法［J］.系统工程与电子技术,2011,33(7):1558-1564.

［14］ BARTALOS P, BIELIKOVA M. Automatic dynamic Web service composition a survey and problem formalization［J］. Computing and Informatics, 2011, 30:793-827.

［15］ AVERSANO L,CANFORA G,CIAMPI A.An algorithm for Web service discovery through their composition［C］. In Proc. Of the Int'l Conf. on Web Services, San Diego: IEEE Computer Society,2004:12-19.

［16］ ARDAGNA D,PERNICI B.Adaptive service composition in flexible processes［J］.IEEE Trans.on Software Engineering,2007,33(6):369-384.

［17］ 胡春华,吴敏,刘国平,等.一种基于业务生成图的Web服务工作流构造方法［J］.软件学报,2007,18(8):1870-1882.

［18］ BISCHOF M,KOPP O,VAN L T,et al.BPELscript:A simplified script syntax for WS-BPEL 2.0［C］. In 35th Euromicro Conf.on Software Engineering and Advanced Applications, 2009:39-46.

［19］ QIN J,FAHRINGER T.A novel domain oriented approach for scientific grid workflow composition［C］.In Proc.of the 2008 ACM/IEEE Conf.on Supercomputing,USA,2008:1-12.

［20］ WANG P,JIN Z,LIU L,et al.Building toward capability specifications of Web services based on an environment ontology［J］.IEEE Trans.on Knowledge and Data Engineering. 2008,20(4):547-561.

[21] 叶荣华,金芝,王璞巍,等.一种需求驱动的自主Web服务聚合方法[J].软件学报,2010,21(6):1181-1195.
[22] BARTALOS P.Effective automatic dynamic semantic Web service composition[J].Information Sciences and Technologies Bulletin of the ACM Slovakia,2011,3(1):61-72.
[23] SIRIN E,PARSIA B,HENDLER J.Filtering and selecting semantic Web services with interactive composition techniques[J].IEEE Intelligent Systems,2004,19(4):42-49.
[24] CURBERA F,GOLAND Y,KLEIN J,et al.Business process execution language for Web services[EB/OL].Version 1.1.IBM Document,2002.http://www.ibm.com/developer works/library/specification/ws-bpel/.
[25] OWL-S Coalition.OWL-S 1.1 release.2004[EB/OL].http://www.daml.org/services/owl-s/1.1/.
[26] ROMAN D,KELLER U,LAUSEN H,et al.Web Service modeling ontology[J].Applied Ontology,2005,1(1):77-106.
[27] ALRIFAI M,RISSE T,NEJDL1 W.A hybrid approach for efficient Web service composition with end-to-end QoS Constraints[J].ACM Trans.on the Web,2012,6(2):1-31.
[28] 王尚广.基于QoS度量的Web服务选择关键技术研究[D].北京:北京邮电大学,2011.

第 2 章 服务质量驱动的软件服务选择和推荐框架

单一的原子服务通常只能实现简单的功能,难以满足用户复杂的应用需求,因此需将已有的原子服务按照特定的业务流程进行有效组合,以灵活地构建新的、更加复杂和强大的组合服务,从而适应用户日趋复杂的应用需求。如 1.4 节所述,一个组合服务通常由若干个任务结点以及任务之间的逻辑关系构成,其组合过程可以采用工作流模型进行描述,在 Web 服务工作流中,一个活动用于表示组合服务中的一个任务结点,并可根据组合服务中各个任务结点之间的数据和控制依赖关系,定义活动之间的数据流和控制流。Web 服务工作流在设计阶段不为各个活动结点指定实体 Web 服务,而是以抽象服务的形式对其功能性需求进行描述,包括服务的输入、输出参数、前置条件、后置条件和执行效果等,然后在工作流运行阶段完成对各个活动结点与实体 Web 服务绑定的实例化过程。在实例化过程中,首先需由 Web 服务发现方法将活动结点的任务需求与实体 Web 服务的描述文档(包括 WSDL、OWL-S 等描述方式)进行语法或语义上的匹配,以获取若干可满足活动结点任务需求的候选 Web 服务;然后由 QoS 驱动的 Web 服务选择方法实现对各个活动结点的实体 Web 服务的选定;最后将工作流模型中的各个活动结点替换为对应的 Web 服务,完成工作流过程模型到可执行工作流的实例化。由于本书研究的侧重点在于 QoS 驱动的 Web 服务选择方法,因此对 Web 服务组合工作流模型的建立、工作流执行和 Web 服务发现方法等不做具体深入的研究,只给出简要的介绍。

本章首先以军事应用中的"装备器材申领"工作为例建立 Web 服务组合工作流模型;然后以该工作流模型为基础,建立组合服务的 QoS 模型,并结合该模型研究了各个 QoS 属性在组合服务下的度量方法;最后通过分析 QoS 驱动的 Web 服务选择方法需解决的问题和难点,给出服务质量驱动的 Web 服务选择和推荐框架,并对框架中的各个模块进行了简要介绍。

2.1 Web 服务组合工作流模型

如前所述,Web 服务组合过程可以采用工作流模型进行描述,在工作流模型中,主要包含顺序、并行、选择和循环等基本模型[1],如图 2.1 所示。

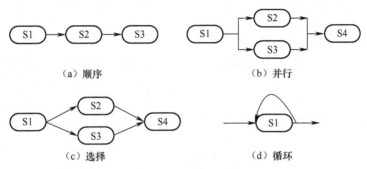

图 2.1 工作流基本模型

在实际应用中,大多数组合服务流程均可由图 2.1 所示的 4 种基本工作流模型组合而成,下面结合 1.2 节和 1.4 节中的相关定义,给出 Web 服务工作流模型的形式化描述。

Web 服务工作流(Web service workflow)可以表示为一个四元组 $CS_f = <FID, CS_{abstract}, SR, QC>$。其中, FID 为 Web 服务工作流的标识; $CS_{abstract} = \{S_1, S_2, \cdots, S_n\}$ 为 Web 服务工作流中的所有抽象服务结点的集合; $SR = \{Sequential, And-Split, And-Join, XOR-Split, XOR-Join, Loop\}$ 为抽象服务结点之间的依赖关系的集合,通过服务结点的依赖关系可构造顺序、并行、选择和循环等工作流基本模型; QC 为组合服务的 QoS 属性约束的集合。

下面结合 1.3 节提出的军事应用的"装备器材申领"业务过程给出 Web 服务工作流实例,如图 2.2 所示。

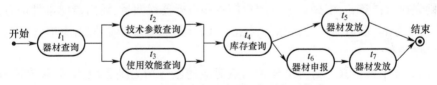

图 2.2 "装备器材申领"组合服务工作流

该业务过程主要用于根据舰船用户在装备维修工作中的器材需求,实现对特定器材的申领工作。由于舰船用户在申领器材的过程中,可能只了解器材需要满足的功能,而并不了解目前存在哪些满足条件的候选器材,并且对已有器材的性能参数、使用效能和库存情况等信息也难以精确掌握,因此无法准确、有效地确定合适的目标器材,造成装备难以得到及时的修复。图 2.2 所示的 Web 服务工作流描述了由若干个任务的协同组合实现"装备器材申领"这一复杂的业务过程。表 2.1 给出了工作流中各个任务结点对应的抽象服务的相关描述。

表 2.1 服务工作流中各个任务结点对应的抽象服务的相关描述

任务结点	抽象服务名称	输入	输出	服务提供者
t_1	器材查询	功能性描述	器材目录	器材管理单位
t_2	技术参数查询	器材型号	器材技术参数信息	器材生产厂家、部队资料管理单位
t_3	使用效能查询	器材型号	器材使用效能信息	部队器材使用单位
t_4	库存查询	器材型号	器材库存信息	部队器材仓库单位
t_5、t_7	器材发放	器材型号、用户 ID 和权限	器材出库单	部队器材仓库单位
t_6	器材申报	器材型号、用户 ID	器材审批信息	上级业务主管部门

在图 2.2 所示的"装备器材申领"组合服务流程中,首先执行任务 t_1,根据用户输入的对器材的功能性描述生成一系列满足要求的器材目录,该目录包含候选器材的型号、名称等基本信息;其次并行执行任务 t_2 和 t_3,根据输入的器材型号信息、输出器材的技术参数和使用效能等信息,系统将根据用户预定义的器材性能需求,从候选器材中筛选出若干个技术参数和使用效能等性能较优的待申领目标器材;再次执行任务 t_4,根据输入的目标器材型号,输出该型器材在各个仓库的库存情况,系统将根据输出的库存信息和相应的规则确定执行此次器材发放任务的目标仓库;最后通过判断用户对目标器材的申领权限,选择执行任务 t_5 或任务 t_6、t_7。假如该用户对目标器材有申领权限,则执行任务 t_5,根据输入的目标器材型号和权限信息,输出器材出库单,完成器材的发放过程;假如用户对目标器材没有申领权限,则先执行任务 t_6,根据输入的用户信息和目标器材型号,输出器材审批信息,然后执行任务 t_7,根据输入的目标器材型号和权限信息,输出器材出库单,完成器材的发放过程。

图 2.2 中组合服务的每个任务结点对应的服务均为抽象服务,只包含服务的功能性描述,在工作流运行阶段可通过为抽象服务结点绑定实体 Web 服务以实现其描述的功能。随着 Web 服务技术的发展和我军信息化水平的提升,网络上能满足相同功能需求的相似服务将越来越多。例如,在图 2.2 中,可能存在若干个器材管理单位可提供器材查询服务,若干个资料管理单位、器材使用单位可相应地提供器材性能参数查询服务和器材使用效能查询服务,这些 Web 服务通常分布在不同的地域,由不同的平台和编程语言开发,所处的网络环境、服务器环境也各不相同,导致它们的 QoS 也存在较大差异。在多数应用中,用户通常都会对服务的 QoS 提出相应需求,如在图 2.2 所示的应用场景中,舰船用户为了快速地实现器材的申领以确保装备得到及时修复,对组合服务的响应时间、可靠性等 QoS 提出相应的要

求,因此 QoS 驱动的 Web 服务选择的目标就是为组合服务的各个抽象服务结点选取 QoS 性能优异的实体 Web 服务进行绑定,以保证组合服务的整体 QoS 满足用户的质量需求[2]。

2.2 组合服务的服务质量模型

假如 Web 服务共包含 r 个 QoS 属性,则原子服务 s 的 QoS 可由 r 维向量 $Q(s)=(q_1(s),q_2(s),\cdots,q_r(s))$ 表示,$q_k(s)(1\leqslant k\leqslant r)$ 为服务的第 k 维 QoS 属性值。组合服务 CS 的 QoS 则可由向量 $Q(CS)=(q'_1(CS),q'_2(CS),\cdots,q'_r(CS))$ 表示,$q'_k(CS)(1\leqslant k\leqslant r)$ 为组合服务的第 k 维 QoS 属性的聚合值。不失一般性,仅以响应时间、吞吐量、可靠性和可用性 4 个对于军事应用较为重要的通用 QoS 属性为例对组合服务的 QoS 度量和 QoS 驱动的 Web 服务选择等问题进行研究。

根据 1.2 节中对响应时间、吞吐量、可靠性和可用性等 QoS 属性的定义,可建立 Web 服务 QoS 模型。

$$Q(s)=(q_{\text{time}}(s),q_{\text{thr}}(s),q_{\text{rel}}(s),q_{\text{av}}(s)) \tag{2.1}$$

组合服务的 QoS 聚合值由组合服务中原子服务的 QoS 和组合服务逻辑结构共同决定。组合服务的基本逻辑结构包括顺序、并行、选择和循环等,在组合服务的 QoS 聚合值的计算过程中,通常可采用相应的约简技术将并行、选择和循环等基本结构转化为顺序结构[3]。例如,文献[4]分别采用关键路径、Hot 路径和去环等技术将并行、选择和循环结构转换为顺序结构,进而计算组合服务的 QoS 聚合值。为简化问题,本书在以下讨论中均只考虑顺序结构的组合服务。表 2.2 给出了组合服务的响应时间、吞吐量、可靠性和可用性聚合函数[4-5]。

表 2.2 组合服务的 QoS 属性聚合函数

QoS 属性	聚合类型	计算表达式
响应时间	累加	$q_{\text{time}}{'}(CS)=\sum_{j=1}^{n}q_{\text{time}}(s_j)$
吞吐量	最小值	$q_{\text{thr}}{'}(CS)=\min_{1\leqslant j\leqslant n}\{q_{\text{thr}}(s_j)\}$
可靠性	累积	$q_{\text{rel}}{'}(CS)=\prod_{j=1}^{n}q_{\text{rel}}(s_j)$
可用性	累积	$q_{\text{av}}{'}(CS)=\prod_{j=1}^{n}q_{\text{av}}(s_j)$

Web 服务的 QoS 属性可分为积极属性和消极属性两类。其中,吞吐量、可靠性和可用性为积极属性,该类型的属性值越大则表示 QoS 性能越优;响应时间为消极属性,该类型的属性值越大则 QoS 性能越低。由于不同类型的 QoS 属性取值

范围和量纲各不相同,难以从组合服务的 QoS 全局最优的角度进行服务选择,因此需将不同类型的 QoS 属性值映射到统一的空间,然后对组合服务的 QoS 进行量化评估。

与文献[4,6]类似,采用简单加权技术对服务的 QoS 属性进行归一化,进而根据用户偏好为每个 QoS 属性赋予不同的权重,得到组合服务的 QoS 效用值,以量化评估组合服务的 QoS 的优劣性。式(2.2)给出了吞吐量、可靠性和可用性等积极属性的归一化方法,式(2.3)给出了响应时间等消极属性的归一化方法。

$$Pq_k(CS) = \begin{cases} \dfrac{q_k'(CS) - Q_{\min}(k)}{Q_{\max}(k) - Q_{\min}(k)} & (Q_{\max}(k) \neq Q_{\min}(k)) \\ 1 & (Q_{\max}(k) = Q_{\min}(k)) \end{cases} \quad (2.2)$$

$$Nq_k(CS) = \begin{cases} \dfrac{Q_{\max}(k) - q_k'(CS)}{Q_{\max}(k) - Q_{\min}(k)} & (Q_{\max}(k) \neq Q_{\min}(k)) \\ 1 & (Q_{\max}(k) = Q_{\min}(k)) \end{cases} \quad (2.3)$$

式中:$Pq_k(CS)$ 和 $Nq_k(CS)$ 均为归一化后的组合服务第 k 维 QoS 属性聚合值;$Q_{\min}(k)$ 和 $Q_{\max}(k)$ 分别为抽象组合服务的所有实例化方案中的第 k 维 QoS 属性聚合值的最小值和最大值,可分别由式(2.4)和式(2.5)计算得到。

$$Q_{\min}(k) = F_{j=1}^n (\min_{\forall s_{ij} \in S_j} q_k(s_{ij})) \quad (2.4)$$

$$Q_{\max}(k) = F_{j=1}^n (\max_{\forall s_{ij} \in S_j} q_k(s_{ij})) \quad (2.5)$$

其中,F 的形式取决于 QoS 属性的聚合类型。例如,对于响应时间,F 表示累加;而对于可靠性,F 则表示累积。

组合服务的 QoS 聚合值经过归一化后,则可根据用户的 QoS 偏好为不同类型 QoS 属性值赋予不同的权重,从而得到组合服务的 QoS 效用值,如式(2.6)所示。该效用值可作为评估组合服务的 QoS 优劣性的统一度量标准,QoS 效用值越高表示组合服务的 QoS 性能越好。

$$\begin{aligned} U(CS) &= w_1 \cdot Nq_1(CS) + \sum_{k=2}^4 w_k \cdot Pq_k(CS) \\ &= w_1 \cdot \dfrac{Q_{\max}(1) - q_1'(CS)}{Q_{\max}(1) - Q_{\min}(1)} + \sum_{k=2}^4 w_k \cdot \dfrac{q_k'(CS) - Q_{\min}(k)}{Q_{\max}(k) - Q_{\min}(k)} \end{aligned}$$

(2.6)

其中,$w_k (1 \leq k \leq 4)$ 表示分配给响应时间、吞吐量、可靠性和可用性等 QoS 属性的权值,反映了用户的 QoS 偏好,w_k 满足以下约束:

$$\sum_{k=1}^4 w_k = 1 \quad (0 \leq w_k \leq 1, w_k \in R) \quad (2.7)$$

在实际应用中,用户通常会提出一些对组合服务的全局QoS约束,如组合服务的总响应时间不超过5s、可靠性不低于0.8等。因此,QoS驱动的服务选择的目标就是在满足用户的全局QoS约束条件下,为组合服务的各个抽象服务结点选取相应的实体Web服务,使得组合服务的QoS效用值最大。

2.3 服务质量驱动的Web服务选择和推荐框架

QoS驱动的Web服务选择和推荐技术为构建高质量的服务组合流程提供了有效途径,然而在实际应用中,该技术还存在许多问题和难点未得到完全解决。如1.3节中所述,在动态的、不可预知的开放式网络环境中,通常会遭遇部分Web服务因客观因素造成的不可用情况,静态服务组合难以根据服务的实际运行状况动态地调整组合流程,相较动态服务组合而言鲁棒性较差,而在动态服务组合中,由于要求在组合服务运行时为各个抽象服务结点动态选取实体服务进行绑定,且服务选择结果需在满足用户的全局QoS约束的同时使组合服务的QoS效用值最优,因此对服务选择算法的实时性、全局优化能力都提出了较高的要求。事实上,随着网络上候选服务的激增,QoS驱动的Web服务全局优化选择被证明为一个NP完全问题[7],难以在多项式时间内完成全局最优解的搜索。

此外,作为QoS驱动的服务选择的核心支撑——Web服务QoS数据的可靠性,在实际应用中也难以得到保证。由于Web服务处于开放式的环境中,网络环境的多变性、服务运行环境差异、用户环境异构和用户地理位置等因素都可能造成Web服务在实际运行时的QoS波动性较大,导致不同用户在调用同一服务时,体验到的服务QoS不尽相同[8],因此用户在服务选择时难以准确掌握候选服务的实际QoS。协同过滤技术(collaborative filtering,CF)通过复用推荐用户对服务的QoS经验信息,为服务请求者提供个性化的QoS预测,考虑了客观环境因素对QoS的影响,可在一定程度上提高QoS数据的可靠性[9-12]。但在现实中,由于商业利益等因素,部分推荐用户可能人为地提供不可信服务QoS数据,以达到对用户的服务选择行为进行欺骗的目的。假如在协同过滤预测中采用了虚假的QoS反馈信息,将导致QoS预测结果偏离服务的QoS实际值,造成服务选择结果不可靠。上述客观环境因素和主观人为因素,造成了服务请求者在服务选择时难以确保候选服务的QoS数据的可靠性,为QoS驱动的Web服务选择和推荐带来了新的难度与挑战。

针对上述QoS驱动的Web服务选择中面临的问题,本书提出一个服务质量驱动的Web服务选择和推荐框架,旨在从提高Web服务的QoS数据的可靠性和可信性,以及服务选择的实时性、QoS全局最优性等方面,为用户快速构建高可靠、高质量的组合服务流程,该框架结构如图2.3所示。

该框架的主要运行过程为:当用户提出服务请求时,对组合服务流程进行设计和建模;进而采用 UDDI 等服务注册机构或 Seekda 等服务搜索引擎,为各个抽象服务结点发现若干个满足功能性需求的候选 Web 服务;然后通过从 QoS 数据库中挖掘近邻信息和隐含特征信息,为用户提供个性化的服务 QoS 预测,其中 QoS 数据库主要用于收集网络中用户在调用过服务后的 QoS 反馈数据,QoS 反馈可信性验证模块用于对用户 QoS 反馈数据的可信性进行验证,从而对用户的虚假 QoS 反馈进行滤除,提高 QoS 数据的可信性;当获取了所有候选服务的 QoS 预测值后,服务全局优化选择和推荐模块实现为各个抽象服务结点快速选择或推荐相应的实体 Web 服务进行绑定,以生成满足用户全局 QoS 约束且 QoS 性能优异的实体组合服务,并将服务运行结果返回给用户。下面对该框架中的各个模块进行介绍。

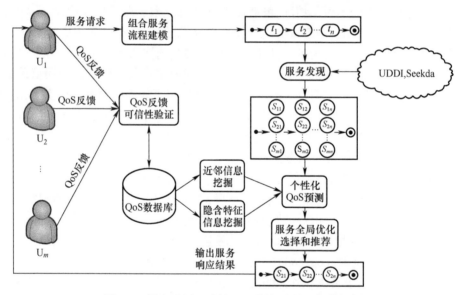

图 2.3 服务质量驱动的 Web 服务选择和推荐框架

(1) QoS 数据库:QoS 数据库的功能是收集网络用户在调用过 Web 服务后的 QoS 反馈信息。当需要采用协同过滤方法为服务请求者个性化预测候选服务的 QoS 时,QoS 数据库可提供相应的历史 QoS 数据支撑。假如 QoS 数据库共包含 m 个网络用户对 n 个不同服务的 QoS 反馈信息,则 QoS 数据库中的 QoS 数据可采用 $n \times m$ 的 QoS 矩阵 R 表示,R 中的元素 R_{ij} 表示用户 u_j 调用服务 s_i 后提交的 QoS 反馈值。

(2) QoS 反馈可信性验证:受经济利益的驱使,部分用户可能与某些服务供应商存在私下交易,通过虚假地抬高对其服务的 QoS 反馈,达到欺骗用户以提高服务交易量的目的;部分不法商家甚至可能组织大量用户对其竞争对手的服务进行恶意诋毁,以谋取非法利益。QoS反馈可信性验证模块用于对虚假的用户QoS反馈进行识别和滤除,以提高QoS数据库中的QoS数据可信性。在该模块中,采用无监督聚类方法研究Web服务QoS的分布特征,并利用QoS的分布特征对用户历次提交的反馈数据进行分类,最后基于Beta信誉系统理论实现对用户信誉度的动态评估,以充分挖掘QoS数据中的虚假反馈信息,详细内容见第5章。

(3) 组合服务流程建模:服务请求者的服务请求通常只对其功能性需求和QoS需求进行描述,而并不关心具体的业务逻辑实现过程。组合服务流程建模模块用于根据用户的服务请求,采用Web服务工作流模型对组合服务流程进行建模。组合服务流程由若干个抽象服务结点按照特定的逻辑结构组合而成,如图2.3中的t_1, t_2, $\cdots$, t_n等,这些抽象服务结点只包含对服务的功能需求描述而不指定具体的实体Web服务。该部分内容详见2.1节。

(4) 服务发现:服务发现模块利用现有的服务注册中心或服务搜索引擎(如UDDI、Seekda等)为抽象服务流程中的抽象服务结点与网络上的实体Web服务进行语法或语义上的功能性匹配,从而为每个抽象服务结点挖掘出若干个有效的实体Web服务。例如,对于图2.3中的t_1结点,可通过服务发现模块挖掘出s_{11}, s_{21}, $\cdots$, s_{m1}等满足其功能性需求的实体Web服务。

(5) 个性化QoS预测:在为各个抽象服务结点挖掘出若干个候选服务后,要根据候选服务的QoS性能完成实体Web服务的选择和推荐过程。由于不同用户在调用服务时的网络环境、地理位置和服务运行环境等存在差异,导致他们体验到的服务QoS也各不相同,且出于经济和时间性能等因素,用户也不可能对所有候选服务逐一试用以获取其真实的QoS信息,因此用户在进行服务选择和推荐前,不可避免地需对候选服务的QoS进行预测。个性化QoS预测模块通过挖掘QoS数据库中的近邻信息和隐含特征信息,为用户个性化地预测候选服务的QoS,从而为用户的服务选择和推荐过程提供可靠的QoS数据保证。本节主要介绍两种不同的方法实现对服务QoS的个性化预测,即基于模型的方法和基于内存的方法,分别在第3章和第4章中介绍。在基于模型的方法中,首先假设QoS观测数据产生于一个低维线性模型和高斯噪声的叠加,进而将稀疏QoS矩阵下的QoS预测问题转化为模型参数的期望最大化估计问题;然后提出一种结合近邻信息的非负矩阵分解算法对该问题进行求解,由于算法综合利用了QoS矩阵中的近邻信息和隐含特征信息,因此可实现对不同类型QoS属性值的准确预测,详细内容见第3章。在基于内存的方法中,提出一种基于相似度传播的个性化预测方法。通过该策略可以准确评估服务推荐系统中用户之间以及服务之间的间接相似度。首先基于用户-服务QoS数据计算用户之间和服务之间的直接相似度;其次基于直接相似度数据分别构造用户相似度图和服务相似度图,进而采用基于Flyod的图算法来搜索用户之间及服务之间的相似度传播路径,并将传播路径上的相似性进行聚合,得到用户之间及服务之间的间接相似度;最后将直接相似度和间接相似度进行集成得到集成相似度,进而为活动用户或目标服务寻找一组相似邻居用于 QoS 预测,详细内容见第 4 章。

(6) 服务全局优化选择和推荐:通过个性化 QoS 预测模块获取了候选服务的 QoS 预测值后,则需要依据候选服务的 QoS 值进行服务的选择或推荐。服务全局优化选择和推荐模块,实现从组合服务流程中各个抽象服务结点的候选服务集中选择或推荐相应的实体 Web 服务,以完成抽象服务流程到实体组合服务的实例化过程。例如,在图 2.3 中,s_{21},s_{22},…,s_{2n} 分别为 t_1,t_2,…,t_n 等抽象服务结点选定的实体 Web 服务,这些被选中的实体 Web 服务组合而成的组合服务执行后,其运行结果将返回给服务请求者。在该模块中,将 QoS 驱动的 Web 服务全局优化选择建模为带约束的非线性最优化问题,并提出了一种新的离散入侵性杂草优化服务选择算法。算法首先随机产生一组服务选择可行解并将其编码为十进制码组个体;然后采用高斯分布方式指导种群的扩散以对解空间进行搜索。通过变化高斯分布的标准差来动态调整个体中码元的变异概率和变异步长,使得算法初期可以保持种群多样性以扩大搜索空间,而算法后期则加强对优秀个体附近的局部搜索,保证算法的全局收敛性,最终算法将在有效时间范围内获得全局近似最优解,详细内容见第 6 章。

2.4 本 章 小 结

本章首先以军事应用中的"装备器材申领"工作为例,采用服务工作流模型对 Web 服务组合过程进行建模。然后以该组合模型为基础,建立了包含响应时间、吞吐量、可靠性和可用性等 QoS 属性的四维 Web 服务的 QoS 模型,并结合该模型研究了各个 QoS 属性在组合服务下的度量方法,在此基础上提出采用 QoS 效用函数对组合服务的 QoS 性能进行量化评估。最后通过分析 QoS 驱动的 Web 服务选择和推荐方法需解决的问题与难点,提出一个 QoS 驱动的 Web 服务选择和推荐框架,并对框架中的各个模块进行了简要介绍,着重从 QoS 可信性保证和个性化 QoS 预测两方面确保 Web 服务的 QoS 数据的可靠性,进而实现服务的全局优化快速选择和推荐。

参 考 文 献

[1] WANG Z. An adaptive approach for QoS-aware Web service composition[D]. Windsor: University of Windsor, 2007.
[2] MICHLMAYR A,ROSENBERG F,LEITNER P,et al.End-to-end support for QoS-aware service

selection, binding, and mediation in VRESCo[J]. IEEE Trans. on Services Computing, 2010, 3(3): 193-205.
[3] HAO Y, ZHANG Y, CAO J. A novel QoS model and computation framework in Web service selection[J]. World Wide Web, 2012, 15(6): 663-684.
[4] ZENG L, BENATALLAH B, DUMAS M. Quality driven Web services composition[C]. In Proceedings of the International World Wide Web Conference, 2003:411-421
[5] LIU M, WANG M, SHEN W, et al. A quality of service(QoS)-aware execution plan selection approach for a service composition process[J]. Future Generation Computer Systems, 2012, 28: 1080-1089.
[6] YU T, ZHANG Y, LIN K. Efficient algorithms for Web services selection with end-to-end QoS Constraints[J]. ACM Trans.on the Web, 2007, 1(1):1-26.
[7] CANFORA G, PENTA M D, Esposito R, et al. A lightweight approach for QoS-aware service composition[C]. In Proc. of the 2nd International Conference on Service Oriented Computing. New York, 2004:36-47.
[8] ZHENG Z, ZHANG Y, R. LYU M. Distributed QoS evaluation for real-world web services[C]. IEEE International Conference on Web Services, 2010:83-90.
[9] ZHENG Z, MA H, R. LYU M, et al. QoS-aware Web service recommendation by collaborative Filtering[J]. IEEE Trans. on Services Computing, 2011, 4(2):140-152.
[10] ZHENG Z, MA H, R. LYU M, et al. Collaborative Web service QoS prediction via neighborhood integrated matrix factorization[J]. IEEE Trans. on Services Computing, 2013, 6(3):289-299.
[11] ZHANG Y, ZHENG Z, R. L M. WSPred: A time-aware personalized QoS prediction framework for Web services[C]. IEEE International Symposium on Software Reliability Engineering, 2011: 210-219.
[12] CHEN X, ZHENG Z, LIU X, et al. Personalized QoS-aware Web service recommendation and visualization[J]. IEEE Trans. on Services Computing, 2013, 6(1):35-47.

第3章 面向服务选择和推荐的非负矩阵分解模型

在构建组合服务应用的过程中,需要为组合服务中的各个抽象服务结点选择相应的实体 Web 服务进行绑定。随着面向服务计算技术的发展,网络上出现了大量可满足同一功能需求但 QoS 性能各异的候选服务,QoS 逐渐成为 Web 服务的主要评价指标与服务选择和推荐的重要依据[1]。

在实际应用中,由于不同用户在调用服务时,其输入特征、网络环境、地理位置和服务运行环境等存在差异,导致其体验到的服务 QoS 也各不相同[2-3]。表 3.1 给出了存储在 QoS 数据库中的 QoS 数据实例。数据取自网络上真实的 QoS 数据集 WS-DREAM[3],表格中的一行数据表示网络中某用户在调用各个 Web 服务后提交的 QoS 反馈值,表格中的数据项为 QoS 属性值组成的向量,代表某用户调用某服务后体验到的 QoS,其中第一个元素表示响应时间,第二个元素表示吞吐量。

表 3.1　QoS 数据库中的 QoS 数据存储实例

	s_1	s_2	s_3	s_4	s_5
u_1	<∅,∅>	<0.23,17.54>	<∅,∅>	<0.22,9.05>	<0.22,9.01>
u_2	<0.94,2.13>	<∅,∅>	<0.27,21.98>	<0.25,7.97>	<∅,∅>
u_3	<∅,∅>	<0.37,10.93>	<0.38,15.96>	<∅,∅>	<0.36,5.59>
u_4	<0.69,2.89>	<0.30,17.70>	<∅,∅>	<0.22,9.09>	<∅,∅>
u_5	<0.87,2.31>	<∅,∅>	<0.23,25.75>	<∅,∅>	<∅,∅>

从表 3.1 中可以发现,用户 u_1、u_3 和 u_4 调用服务 s_2 时的响应时间分别为 0.23s、0.37s 和 0.30s,吞吐量分别为 17.54kb/s、10.93kb/s 和 17.70kb/s,表明了不同用户在调用同一服务时的 QoS 体验具有一定的差异性。由于在现实中,大多数用户只调用过网络上少量的 Web 服务,而对于那些未使用过的 Web 服务,无法准确地掌握它们的 QoS 性能,如表 3.1 中用户 u_5 对应服务 s_2、s_4 和 s_5 的数据项均为 ∅,表示用户 u_5 未使用过服务 s_2、s_4 和 s_5。由于系统资源和时间性能等因素的限制,也不可能对它们逐一试用以获取其 QoS 数据,因此需要采取某种策略对它们的 QoS 进行预测。

假如在组合服务中选择了实际 QoS 性能较低,但因预测结果不准确而 QoS 被高估的 Web 服务,则可能导致组合服务不满足用户 QoS 需求,严重的情况甚至会造成整个组合服务流程失效。而对于实际 QoS 性能较优但在预测过程中 QoS 被低估的 Web 服务,则可能在服务选择和推荐过程中被漏选,导致组合服务的 QoS 性能下降。因此,在服务选择和推荐前对候选服务的 QoS 进行准确的预测,是获取高质量组合服务的基础。

目前,许多 QoS 驱动的服务选择方法都采用服务的 QoS 历史统计平均值作为预测值[4-7],如在为用户 u_5 预测服务 s_2 的 QoS 值时,采用其他用户调用服务 s_2 时的 QoS 数据进行统计平均,即响应时间预测值为 $(0.23+0.37+0.30)/3=0.3$ s,吞吐量预测值为 $(17.54+10.93+17.70)/3=15.39$ kb/s。统计平均法虽然计算简单,但是由于没有考虑不同用户处于不同的网络状况、异构环境和地理位置下,对相同服务体验到的 QoS 的个性化差异,导致预测结果的准确度较低。

文献[8-10]等提出的一些基于内存(memory-based)的协同过滤预测方法通过挖掘 QoS 矩阵中不同用户之间或不同服务之间的相似关系,为目标用户提供个性化的 QoS 预测,在一定程度上考虑了用户之间的差异,预测结果较统计平均法更为准确。基于内存的协同过滤方法包括基于用户的协同过滤和基于服务的协同过滤两种类型。基于用户的协同过滤的基本假设为:对某些服务拥有相似 QoS 体验的用户,对其他服务的体验也会比较接近。基于服务的协同过滤则侧重于挖掘 Web 服务之间的相似性关系。基于内存的协同过滤方法一般采用皮尔逊相关系数(Pearson correlation coefficient,PCC)等相似度度量方法计算不同用户之间或不同服务之间的相似度,然后采用 Top-K 近邻方法为目标用户预测服务的 QoS。基于内存的协同过滤技术对于用户评分等主观型数据的预测较为准确,但 QoS 数据是一种受环境因素影响较大的客观型数据,仅通过挖掘 QoS 矩阵中的近邻信息难以保证 QoS 预测的准确度。

文献[11-14]认为,"当外界环境特征和用户输入特征相似时,服务的 QoS 相对稳定",其通过记录服务调用时的环境特征和 QoS 数据,形成能反映环境特征和 QoS 之间潜在关系的事例库或特征库,从而在为目标用户预测 QoS 时,并不是直接使用所有服务历史 QoS 信息进行预测,而是首先探测其环境特征和输入特征等,然后在特征库中搜索特征相似的 QoS 使用信息,并以此为基础进行协同过滤预测。和传统的基于内存的协同过滤方法相比,其预测效率和准确度都得到了一定提升,但该类方法在预测 QoS 前大多假设特征库已经建立好,且特征库中已存在大量的特征 QoS 信息,否则难以保证 QoS 的预测准确度。由于在实际中影响服务 QoS 的环境特征因素很多,很难建立完备的特征 QoS 信息库,因此该类方法面临较大的应用困难。

文献[2,15-16]认为用户对服务的 QoS 体验由少量隐含因子决定,提出建立合理的矩阵因子分解模型对已有的 QoS 观测数据进行拟合,从而挖掘出影响用户 QoS 体验的隐含特征,为用户提供个性化的服务 QoS 预测。与文献[12-14]中建立显式的特征模式不同,矩阵分解模型技术从已有的 QoS 观测数据出发,挖掘其包含的隐含特征,算法实现简单,有效性高,更适用于实际应用中的大规模服务的 QoS 预测问题。文献[2,15-16]均将矩阵因子分解问题转化为对损失函数的最优化问题,并采用梯度下降法求解该优化问题,其不足在于算法收敛速度较为缓慢,且收敛结果对于迭代步长的选择较为灵敏。

本章通过分析以上研究中存在的问题,提出一种通过挖掘已有 QoS 观测数据中的近邻信息和隐含特征信息而实现服务 QoS 个性化预测的方法。首先假设 QoS 观测数据产生于一个低维线性模型和高斯噪声的叠加,进而将稀疏 QoS 矩阵下的 QoS 预测问题转化为模型参数的 EM 估计问题;然后提出一种结合近邻信息的非负矩阵分解算法(neighbor information combined non-negative matrix factorization with EM rocedures,NCNMF+EM)对该问题进行求解。由于算法综合利用了 QoS 矩阵中的近邻信息和隐含特征信息,因此可实现对不同类型 QoS 属性值的准确预测。实验结果表明,该算法的 QoS 预测结果比现有其他方法的预测结果准确度更高,且算法的运行时间随着预测规模的增大呈线性增长,具有较高的有效性,可适用于大规模的 QoS 预测问题。

3.1　服务质量预测模型

假如 QoS 数据库共包含 m 个网络用户对 n 个不同服务的 QoS 反馈信息,则 QoS 数据库中的 QoS 数据可采用 $n \times m$ 的 QoS 矩阵 $\boldsymbol{R}$ 表示,$\boldsymbol{R}$ 中的元素 R_{ij} 表示用户 u_j 调用服务 s_i 后提交的 QoS 反馈值。在实际应用中,由于大部分用户只调用过其中少量的服务,因此 QoS 矩阵 $\boldsymbol{R}$ 包含许多缺失项,QoS 预测即利用 $\boldsymbol{R}$ 中已知的信息对这些缺失的 QoS 信息进行预测。为便于分析,作如下定义。

定义 3.1　服务集。服务集 $S = \{s_1, s_2, \cdots, s_n\}$ 是指 QoS 数据库中存在用户 QoS 反馈的 Web 服务组成的集合,其中 $s_i (1 \leq i \leq n)$ 表示服务集中的第 i 个服务。

定义 3.2　用户集。用户集 $U = \{u_1, u_2, \cdots, u_m\}$ 是指 QoS 数据库中提供过 QoS 反馈的服务用户组成的集合,其中 $u_j (1 \leq j \leq m)$ 表示用户集中的第 j 个用户。

定义 3.3　用户-服务 QoS 矩阵。

$$\boldsymbol{R} = \begin{bmatrix} R_{11} & R_{12} & \cdots & R_{1m} \\ R_{21} & R_{22} & \cdots & R_{2m} \\ \vdots & \vdots & & \vdots \\ R_{n1} & R_{n2} & \cdots & R_{nm} \end{bmatrix} \tag{3.1}$$

其中，$R_{ij} = <rt_{ij},tp_{ij},rel_{ij},av_{ij}>$，$1 \leq i \leq n, 1 \leq j \leq m$。其中 rt_{ij}、tp_{ij}、rel_{ij} 和 av_{ij} 分别表示用户 u_j 调用服务 s_i 时体验到的响应时间、吞吐量、可靠性和可用性等 QoS 信息。在 QoS 预测前，需将该矩阵中的数据项进行预处理，具体为按照 QoS 属性类别将其分离为若干个子矩阵，如响应时间矩阵、吞吐量矩阵、可靠性矩阵和可用性矩阵等，然后对各个子矩阵进行独立预测。QoS 预测的目标就是利用 QoS 矩阵中已有的观测数据对其缺失项进行预测。

本章希望通过矩阵因子分解模型技术找到一个低维线性模型 $X = WV$ 对 QoS 矩阵 R 进行逼近，则缺失项 R_{ij} 的预测值可通过 W 的第 i 行与 V 的第 j 列取向量内积得到。其中，W 为 $n \times k$ 矩阵，V 为 $k \times m$ 矩阵，k 为特征因子的个数。

QoS 矩阵因子分解模型具有一定的物理意义。假设服务的 QoS 可由隐含的 k 个特征因子决定，这些特征因子可以是服务器环境特征、用户输入特征和网络环境特征等。具体来说，网络环境特征可包含网络带宽、网络吞吐量等；服务器环境特征可包含服务器的 CPU 利用率、内存利用率、进程占有率、并发访问率等；用户输入特征可包含用户输入大小、任务类型、地理位置等。假如对于每个特征因子，都对服务的 QoS 值有着固定的影响基准值，如对于某个信用卡号认证服务，其 QoS（如响应时间）受输入的信用卡号数量大小的影响较大，而受其所处的地理位置和网络吞吐量的影响较小，则可以认为对于该服务，用户输入特征的 QoS 影响基准值较高；而对于某个视频传输服务，用户位置离服务器越远、网络吞吐量越低，则用户体验到的服务响应时间越长。因此，对于该类服务，用户位置和网络吞吐量的 QoS 影响基准值较高。将模型中的 W 称为 QoS 基矩阵，并将其写成列向量形式 $W = (W_1, W_2, \cdots, W_k)$，则列向量 $W_d(d = 1,2,\cdots,k)$ 表示第 d 个特征因子对服务 QoS 的影响基准值；V 称为权重矩阵，其每列对应为某个用户对这 k 个特征因子赋予的权重，反映了该用户对这些特征因子的敏感程度。因此，用户 u_j 对服务 s_i 的 QoS 体验值可表示为服务 s_i 在这 k 个特征因子上的 QoS 基准值的某个线性组合，其系数为用户 u_j 对相应特征因子赋予的权重值，如下式所示。

$$X_{ij} = \sum_{d=1}^{k} W_{id} \cdot V_{dj} \qquad (3.2)$$

式中：X_{ij} 为用户 u_j 对服务 s_i 的 QoS 估计值；W_{id} 为第 d 个特征因子对服务 s_i 的 QoS 基准值；V_{dj} 为用户 u_j 对第 d 个特征因子赋予的权重。

由于 QoS 属性值（如响应时间、吞吐量、可靠性和可用性等）通常是非负的，因此可为 W 中的元素添加非负性约束。根据前面假设，用户对服务的 QoS 体验值为一系列对特征因子的 QoS 基准值的线性组合，即用户对服务的整体 QoS 感知，由对各个特征因子的局部感知组合而成。为了更好地表征整体是由局部组成的这一直观认识，同样为 V 中的元素添加非负性约束。与文献[2,17-18]类似，本节假设用户对服务的 QoS 体验值可由一个低维线性模型和高斯噪声的叠加得到，即 $R = X$

$+Z$，Z 为噪声矩阵，Z_{ij} 满足期望为 0，标准差为 σ_{ij} 的高斯分布。因此 QoS 预测的矩阵因子分解模型由下式表示。

$$R = X + Z, Z_{ij} : N(0, \sigma_{ij})$$
$$X = WV \quad (W_{ij} \geq 0, V_{ij} \geq 0, 1 \leq i \leq n, 1 \leq j \leq m) \tag{3.3}$$

为便于分析，假设高斯噪声的标准差 σ_{ij} 均取统一常量 σ，则 R_{ij} 满足期望为 X_{ij}，标准差为 σ 的高斯分布，记为 $R_{ij} \sim N(X_{ij}, \sigma^2)$。由以上定义可知，$X_{ij}$ 是未知的参数，需对其进行估计。

3.2 服务质量预测模型的参数估计

由 3.1 节可知，$R_{ij} \sim N(X_{ij}, \sigma^2)$，则 R_{ij} 的概率密度函数为

$$P(R_{ij}) = \frac{1}{\sqrt{2\pi}\sigma} e^{\frac{-(R_{ij}-X_{ij})^2}{2\sigma^2}} \tag{3.4}$$

假设用户调用不同服务体验到的 QoS 值是独立的，即 QoS 矩阵 $\boldsymbol{R}$ 的每个元素是统计独立的，则对于 QoS 观测矩阵 $\boldsymbol{R}$，变量 X 的似然函数为

$$\text{lik}(\boldsymbol{R}|X) = \prod_{i=1}^{n}\prod_{j=1}^{m} \frac{1}{\sqrt{2\pi}\sigma} e^{\frac{-(R_{ij}-X_{ij})^2}{2\sigma^2}} \tag{3.5}$$

等式两边取对数得到对数似然函数为

$$\text{loglik}(\boldsymbol{R}|X) = -mn\log(\sqrt{2\pi}\sigma) - \frac{1}{2\sigma^2}\sum_{i=1}^{n}\sum_{j=1}^{m}(R_{ij} - X_{ij})^2 \tag{3.6}$$

假如 $\boldsymbol{R}$ 中的观测数据是完整的，即在不含缺失项时，则可以采用极大似然估计法估计模型参数 X：

$$X = \arg\max_{X} \text{loglik}(\boldsymbol{R}|X) \tag{3.7}$$

然而，在现实应用中，绝大部分用户只对其中少量服务有过调用经历，因此用户-服务 QoS 矩阵 $\boldsymbol{R}$ 是包含大量缺失项的稀疏 QoS 矩阵。鉴于此，采用 EM（expectation-maximization）算法最大化 QoS 矩阵中已知观测数据的似然函数，以获取模型参数 X 的估计。EM 算法通常用于在不完整数据条件下的参数最大似然估计[19-20]，其在每次迭代时包含两个步骤：E 步，利用对隐含变量的现有估计值，计算完整数据的对数似然函数的期望；M 步，通过最大化在 E 步求得的期望得到当前的参数估计值，并将该估计值用于下一次迭代中的 E 步。通过交替执行这两个步骤，使模型参数收敛。

将 QoS 矩阵 $\boldsymbol{R}$ 中的已知观测数据和未观测数据分别定义为 R^o 和 R^u，并且假设 EM 算法在第 t 次迭代后获得的 X 的估计值为 X^t，则在第 $t+1$ 次迭代时，包含以下两个步骤。

（1）E 步：计算完整 QoS 矩阵数据的对数似然函数的期望，记为
$$Q(X|X^t) = E[\mathrm{loglik}(R^o, R^u|X)] \tag{3.8}$$
将式(3.6)代入式(3.8)，并令 $L = -mn\log(\sqrt{2\pi}\sigma)$ 得

$$Q(X|X^t) = E\left(L - \frac{1}{2\sigma^2}\sum_{R_{ij}\in R^o}[R_{ij} - X_{ij}]^2\right) + E\left[L - \frac{1}{2\sigma^2}\sum_{R_{ij}\in R^u}(R_{ij} - X_{ij})^2\right]$$

$$= 2L - \frac{1}{2\sigma^2}\left[\sum_{R_{ij}\in R^o}(R_{ij} - X_{ij})^2 + \sum_{R_{ij}\in R^u}E(R_{ij} - X_{ij})^2\right] \tag{3.9}$$

由于对于 $\forall R_{ij} \in R^u$，$R_{ij}:N(X_{ij}{}^t, \sigma^2)$，容易得到

$$\sum_{R_{ij}\in R^u}E(R_{ij} - X_{ij})^2 = \sum_{R_{ij}\in R^u}[(X_{ij}{}^t - X_{ij})^2 + \sigma^2] \tag{3.10}$$

将式(3.10)代入式(3.9)，并令 R^u 中的元素个数为 C，得到

$$Q(X|X^t) = 2L - C/2 - \frac{1}{2\sigma^2}\left[\sum_{R_{ij}\in R^o}(R_{ij} - X_{ij})^2 + \sum_{R_{ij}\in R^u}(X_{ij}{}^t - X_{ij})^2\right] \tag{3.11}$$

（2）M 步：通过最大化 $Q(X|X^t)$ 来获得当前 X 的估计值。
$$X = \arg\max_X Q(X|X^t)$$

$$\arg\max_X\left\{2L - C/2 - \frac{1}{2\sigma^2}\left[\sum_{R_{ij}\in R^o}(R_{ij} - X_{ij})^2 + \sum_{R_{ij}\in R^u}(X_{ij}{}^t - X_{ij})^2\right]\right\} \tag{3.12}$$

由于 m、n、σ 和 C 均为常量，因此有

$$X = \arg\min_X\left[\left(\sum_{R_{ij}\in R^o}(R_{ij} - X_{ij})^2 + \sum_{R_{ij}\in R^u}(X_{ij}{}^t - X_{ij})^2\right)\right] \tag{3.13}$$

令矩阵 R^{t+1} 表示第 $t+1$ 次 EM 迭代时的完整矩阵，其中缺失项 $R_{ij} \in R^u$ 采用第 t 次迭代时的模型估计值 X_{ij}^t 填充，将式(3.2)代入式(3.13)可得到

$$X = \arg\min_X\left[\sum_{i=1}^n\sum_{j=1}^m(R_{ij}^{t+1} - X_{ij})^2\right]$$

$$= \arg\min_X\left[\sum_{i=1}^n\sum_{j=1}^m\left(R_{ij}^{t+1} - \sum_{d=1}^k W_{id} \times V_{dj}\right)^2\right]$$

$$= \arg\min_X(\|R^{t+1} - WV\|_F^2)W_{ij} \quad (V_{ij} \geq 0; 1 \leq i \leq n, 1 \leq j \leq m) \tag{3.14}$$

其中，$\|g\|_F$ 表示矩阵的 Frobenius 范数。

由式(3.14)可知，可通过寻找非负 QoS 基矩阵 W 和权重矩阵 V 使得 $\|R^{t+1} - WV\|_F^2$ 最小，得到当前 M 步 X 的估计值。假如将 $\|R^{t+1} - WV\|_F^2$ 作为目标函数，则可通过对 R^{t+1} 进行非负矩阵因子分解(non-negative matrix factorization, NMF)求解 W 和 V。NMF 最早由 Lee 等[21]提出用于提取人脸图像的局部特征和文本中的语义特征，其通过将非负矩阵分解为两个低维非负矩阵的乘积，挖掘原始

矩阵的局部特征,实现对高维原始矩阵的降维拟合。对 R^{t+1} 的 NMF 操作步骤为:首先产生非负随机数作为 W 和 V 的初始值;然后采用 Lee 等[22]提出的乘性更新法则,迭代求解 W 和 V。

$$V_{dj} \leftarrow V_{dj} \frac{(W^T R^{t+1})_{dj}}{(W^T W V)_{dj}}$$
$$W_{id} \leftarrow W_{id} \frac{(R^{t+1} V^T)_{id}}{(W V V^T)_{id}} \quad W_{id} = \frac{W_{id}}{\sum_i W_{id}} \quad (3.15)$$

Lee 等在文献[22]中证明了在该迭代规则下,目标函数 $\|R^{t+1} - WV\|_F^2$ 单调不增,并在若干次迭代后趋于收敛,且矩阵 W 和 V 的非负性也可得到保证。

通过对 R^{t+1} 的 NMF 操作,将得到 R^{t+1} 的逼近矩阵 WV,从而得到当前 M 步 X 的估计值 $X = WV$,该估计值将被用于下一次 EM 迭代中的 E 步计算中。

综上可知,采用 EM 算法估计模型参数 X 可简述如下:首先对 X 赋初始值;然后在每次迭代的 E 步中使用 X 对稀疏 QoS 矩阵 R 中的缺失项进行填充,在 M 步中对填充后的完整矩阵 R 进行非负矩阵分解,得到 R 的逼近矩阵 WV,以此更新 X,并用于下一次迭代中的 E 步。该过程不断重复,直到 X 收敛于某个局部最优值。

3.3 服务质量预测算法——结合近邻信息的非负矩阵分解算法

NMF 算法通过挖掘 QoS 矩阵中服务和用户的隐含特征,实现对原始 QoS 矩阵的因子分解拟合。但矩阵分解模型难以检测到相似用户之间或相似服务之间的关联关系[2]。实际上,充分挖掘出这种近邻关系,并用于 NMF 的求解过程,可有效提高对 QoS 的预测准确度。尤其在 QoS 矩阵非常稀疏时,单独采用矩阵分解方法或近邻法都难以保证较优的预测准确度。本节提出一种结合近邻信息的非负矩阵分解算法(NCNMF+EM),以实现稀疏 QoS 矩阵下的模型参数 EM 估计。算法首先采用基于服务的最近邻协同过滤法预测原始 QoS 矩阵 R 中的缺失 QoS,得到完整的 QoS 矩阵,并将该完整矩阵作为 3.2 节所述的 EM 算法中模型参数 X 的初始估计值;然后采用 NMF 算法更新 X,通过交叉执行 E 步和 M 步,使 X 趋于收敛,则 R 中缺失项的预测值即为 X 中的对应项。算法由于在模型参数的 EM 估计中引入了近邻先验信息,因此可有效提高 EM 算法的收敛速度和最终收敛值,从而保证了算法的 QoS 预测准确度和预测效率。NCNMF+EM 的具体描述如表 3.2 所列。

NCNMF+EM 的第 1 步表示产生满足[0,1]均匀分布的随机矩阵,以初始化

QoS 基矩阵 W 和权重矩阵 V；第 2~7 步表示采用最近邻协同过滤方法预测 R 中的缺失值，然后以预测值填充后的完整矩阵作为 X 的初始值，详见 3.3.1 节和 3.3.2 节；第 10 步判断目标函数是否满足收敛条件，假如满足收敛条件，则算法结束，其中 ε 为某个足够小的正数；第 13~19 步表示采用式（3.15）所述的乘性法则对因子矩阵 W 和 V 进行迭代更新，以实现对 R 的非负矩阵因子分解，从而得到 R 的低维逼近矩阵 WV，其中 16~18 步通过对 W 中的每个元素除以其所在列的所有元素之和，实现对 W 的规范化操作，以保证矩阵因子分解的唯一性，$\otimes$ 和 $\odot$ 分别代表 Hardmard 乘和除；第 21 步表示将当前的逼近矩阵 WV 赋给 X，作为下一次 EM 迭代中的输入参数。经过若干次迭代后，X 将趋于收敛，用 X 中元素取代 R 中的未观测项将得到包含最终 QoS 预测值的完整 QoS 矩阵。

表 3.2　NCNMF+EM

NCNMF+EM（neighbor information combined non-negative matrix factorization with EM procedures, 结合近邻信息的非负矩阵分解算法）
输入：稀疏 QoS 矩阵 R、R 中的未观测数据集 R^u、特征因子个数 k、最近邻数 N、EM 最大迭代次数 t_{max}、NMF 的最大迭代次数 q_{max}
输出：缺失项得到预测的完整 QoS 矩阵 R
Begin
1　$W \leftarrow \text{Rand}(n,k)$，$V \leftarrow \text{Rand}(k,m)$
2 For each $R_{ij} \in R^u$ do
3　　计算 R 中其他服务与服务 i 的相似度
4　　令与服务 i 相似度最高的 N 个服务组成服务 i 的近邻服务集 $T(i)$
5　　采用最近邻协同过滤法得到 R_{ij} 的预测值 $\overline{R}_{ij}$
6 End for
7　采用 $\overline{R}_{ij}$ 对 R 中对应的缺失项进行填充得到完整矩阵，然后赋值给 X
8 For ($t=1; t \leq t_{max}; t++$)
9　　采用 X 中元素值取代 R 中对应的未观测项
10　　If($\|R-WV\|_F^2 \leq \varepsilon$) then
11　　　Goto(23)
12　　Else
13　　　For ($q=1; q \leq q_{max}; q++$)
14　　　　$V \leftarrow V \otimes [W^T R] \odot [W^T WV]$
15　　　　$W \leftarrow W \otimes [RV^T] \odot [WVV^T]$
16　　　　For each $W_{ij} \in W$ do
17　　　　　$W_{ij} \leftarrow W_{ij}/\text{Sum}(W_j)$
18　　　　End For
19　　　End For

20　　End If
21　　$X \leftarrow WV$
22　End For
23　Output R
End

3.3.1　近邻信息挖掘

假设 QoS 矩阵 R 中的 $R_{ia} = 0$，即不存在用户 u_a 调用服务 s_i 的 QoS 记录，则可采用基于服务的最近邻协同过滤法预测 R_{ia} 的值。首先采用改进的皮尔逊相关系数计算服务 s_i 与其他服务的相似度。皮尔逊相关系数主要用于度量两个变量之间的相关性，因具有易于实现和精度高等特点，被广泛应用于各类推荐系统。服务 s_i 和服务 s_r 的相似度 $\text{sim}(s_i, s_r)$ 可由式(3.16)所示的改进的皮尔逊相关系数计算得到。

$$\text{sim}(s_i, s_r) = \begin{cases} \dfrac{\sum\limits_{u_j \in U_{ir}} (R_{ij} - \overline{R_i})(R_{rj} - \overline{R_r})}{\sqrt{\sum\limits_{u_j \in U_{ir}} (R_{ij} - \overline{R_i})^2} \sqrt{\sum\limits_{u_j \in U_{ir}} (R_{rj} - \overline{R_r})^2}} & (U_{ir} \neq \varnothing \text{ 且 } H \neq 0) \\ 0 & (U_{ir} = \varnothing \text{ 或 } H = 0) \end{cases} \quad (3.16)$$

其中，$H = \sqrt{\sum\limits_{u_j \in U_{ir}} (R_{ij} - \overline{R_i})^2} \sqrt{\sum\limits_{u_j \in U_{ir}} (R_{rj} - \overline{R_r})^2}$；$\text{sim}(s_i, s_r)$ 的取值范围为 $[-1, 1]$，值越大说明两个服务越相似；令 U_i 为调用过服务 s_i 的用户集合，U_r 为调用过服务 s_r 的用户集合，则 $U_{ir} = U_i \cap U_r$ 表示调用过服务 s_i 和服务 s_r 的用户交集；R_{ij} 表示用户 u_j 观测到的服务 s_i 的 QoS 值；$\overline{R_i}$ 表示 U_i 中用户观测到的服务 s_i 的 QoS 算术平均值。式(3.16)与传统的皮尔逊相关系数公式的区别在于考虑了以下两种极端情况。

(1) 当两个服务的共同用户集为 $\varnothing$ 时，无法采用传统的皮尔逊相关系数得到有效值。

(2) $H = 0$ 的情况，采用传统的方法得到的相似度为无穷大，与事实不符。而 $H = 0$ 的情况是可能存在的，如令服务 s_i 和服务 s_r 的共同用户为 u_a 和 u_b，假如用户 u_a 和用户 u_b 调用服务 s_i 时的 QoS 值相等，并且用户 u_a 和用户 u_b 调用服务 s_r 的 QoS 值也相等，此时 $H = 0$。

由于 QoS 矩阵是极度稀疏的，因此上述两种极端情况很可能出现，式(3.16)

在上述两种极端情况下,令相似度 $\text{sim}(s_i,s_r)=0$,以防止出现无效的相似度计算结果。完成服务 s_i 与其他所有服务的相似度计算步骤后,令与服务 s_i 相似度最高的 N 个服务组成的集合 $T(s_i)$ 称为服务 s_i 的 Top-N 近邻服务集。

3.3.2 基于服务的最近邻协同过滤

得到服务 s_i 的 Top-N 近邻服务集 $T(s_i)$ 后,则可利用 Top-N 近邻服务集中的 QoS 信息对 R_{ia} 进行协同过滤预测,如下式所示。

$$R_{ia} = \overline{R_i} + \frac{\sum_{s_r \in T(s_i)} \text{sim}(s_i,s_r)(R_{ra} - \overline{R_r})}{\sum_{s_r \in T(s_i)} \text{sim}(s_i,s_r)} \quad (3.17)$$

式中:s_r 为服务 s_i 的近邻服务;R_{ra} 为用户 u_a 对服务 s_r 的 QoS 体验值。由于 QoS 矩阵较为稀疏,因此 R_{ra} 以高概率等于零,在该情况下,计算得到的预测值并不准确。为解决该问题,可在协同过滤预测前采用服务的算术平均值填充近邻集中的缺失值。由于相似度可取负值,因此采用式(3.17)计算得到的 QoS 预测值也可能为负值,而现实中的服务 QoS 值是非负的,可以采用服务的算术平均值取代这部分负值。

通过以上所述的基于服务的最近邻协同过滤法,原始 QoS 矩阵中的缺失项将得到较为准确的预测值,采用该预测值对原始 QoS 矩阵进行填充即可得到完整的 QoS 矩阵,该完整矩阵将作为 NCNMF-EM 中模型参数 X 的初始估计值。

3.4 算法复杂度分析

NCNMF+EM 的时间复杂度主要包括近邻信息挖掘、Top-N 最近邻协同过滤计算和 QoS 预测模型参数 EM 估计 3 个部分。由于在实际的系统中,通常可以采用离线方式计算服务之间的相似度,并存储其 Top-N 近邻集信息,因此服务近邻信息可采用定期更新的方式,而无须在线计算。鉴于此,只考虑 Top-N 最近邻协同过滤计算和 QoS 预测模型参数 EM 估计两个部分的在线计算时间复杂度。假设 QoS 矩阵 R 是 $n \times m$ 矩阵,且共有 Z 个待预测项,EM 迭代次数为 $t_{\max}$,NMF 算法的最大迭代次数为 $q_{\max}$,特征因子个数为 k,则 Top-N 最近邻协同过滤计算的时间复杂度为 $O(NZ)$,对 R 进行一次 NMF 操作的时间复杂度为 $O(q_{\max}kmn)$,由于模型参数的 EM 估计共包含 $t_{\max}$ 次 NMF,因此其复杂度为 $O(t_{\max}q_{\max}kmn)$。综上可知,NCNMF+EM 的总时间复杂度为 $O(NZ + O(t_{\max}q_{\max}kmn))$。由于 $Z \leq mn$,且 N、$t_{\max}$、$q_{\max}$ 和 k 均为常量,因此随着 QoS 矩阵规模 mn 的增大,NCNMF+EM 的时间复杂度呈线性增长,具有较高的有效性,可适用于大规模的 QoS 预测问题。

3.5 实验分析

本节采用网络上真实的 QoS 数据集 WS-DREAM[3] 对 NCNMF+EM 的预测准确度和时间性能进行实验评估,同时研究算法中的 Top-N、EM 迭代次数 t_{max}、NMF 算法迭代次数 q_{max} 和特征因子个数 k 等参数对预测准确度的影响。WS-DREAM 数据集记录了 30 多个不同国家的 339 个用户调用 73 个国家的 5825 个 Web 服务的 QoS 信息。由于该数据集目前只包含响应时间和吞吐量两个 QoS 属性的信息,因此实验仅采用响应时间和吞吐量的 QoS 数据对算法进行评估。表 3.3 给出了 WS-DREAM 数据集的信息存储实例,主要包括用户 IP 信息、服务 WSDL 地址信息,以及不同用户在调用不同 Web 服务时的响应时间和吞吐量的 QoS 数据。

表 3.3　WS-DREAM 数据集的信息存储实例

服务用户 IP	用户 ID	Web 服务 WSDL 地址	服务 ID	响应时间	吞吐量
12.108.127.138	0	http://ewave.no-ip.com/ECallws/CinemaData.asmx? WSDL	0	5.982	0.334
12.108.127.138	0	http://ewave.no-ip.com/ECallws/StadiumSinchronization.asmx? WSDL	1	0.228	17.543
12.108.127.138	0	http://ewave.no-ip.com/EcallWS/CinemaSinchronization.asmx? WSDL	2	0.237	25.316
12.108.127.138	0	http://ewave.no-ip.com/ECallws/StadiumData.asmx? WSDL	3	0.221	9.049
12.46.129.15	1	http://ewave.no-ip.com/ECallws/CinemaData.asmx? WSDL	0	2.130	0.938
12.46.129.15	1	http://ewave.no-ip.com/ECallws/StadiumSinchronization.asmx? WSDL	1	0.262	15.267
12.46.129.15	1	http://ewave.no-ip.com/EcallWS/CinemaSinchronization.asmx? WSDL	2	0.273	21.978
12.46.129.15	1	http://ewave.no-ip.com/ECallws/StadiumData.asmx? WSDL	3	0.251	7.968
122.1.115.91	2	http://ewave.no-ip.com/ECallws/CinemaData.asmx? WSDL	0	0.854	2.341
122.1.115.91	2	http://ewave.no-ip.com/ECallws/StadiumSinchronization.asmx? WSDL	1	0.366	10.928
122.1.115.91	2	http://ewave.no-ip.com/EcallWS/CinemaSinchronization.asmx? WSDL	2	0.376	15.957

续表

服务用户 IP	用户 ID	Web 服务 WSDL 地址	服务 ID	响应时间	吞吐量
122.1.115.91	2	http://ewave.no-ip.com/ECallws/StadiumData.asmx?WSDL	3	0.357	5.602

为了便于分析,从数据集中分别获取了 300×3000 的响应时间 QoS 矩阵和 300×3000 的吞吐量 QoS 矩阵,然后以此为基础研究算法的 QoS 预测准确度。

3.5.1 评价指标

平均绝对误差(MAE)是推荐系统中评价预测精度最常用的度量标准,其反映了系统预测值与实际值的平均绝对偏差[23]。MAE 的定义为

$$\text{MAE} = \frac{\sum_{i,j}(R_{ij} - \hat{R}_{ij})}{W} \quad (3.18)$$

式中:W 为 QoS 矩阵中的待预测项数;R_{ij} 为用户 j 体验到的服务 i 的 QoS 实际值,$\hat{R}_{ij}$ 为算法的 QoS 预测值。由于在实际应用中,不同 QoS 属性的取值范围不同,如 Web 服务的响应时间通常取 0~20 s,吞吐量通常取 0~1000 kb/s[2],因此采用归一化平均绝对误差(NMAE)对算法的 QoS 预测准确度进行度量,NMAE 值越小表示算法的预测准确度越高。式(3.19)给出 NMAE 的定义为

$$\text{NMAE} = \frac{\text{MAE}}{\sum_{i,j} R_{ij}/W}. \quad (3.19)$$

实验环境为:Intel Core2 Quad 2.50GHz CPU,4GB RAM,操作系统为 Windows XP,算法实现工具为 MATLAB 7.1。

3.5.2 准确度评估

为验证 NCNMF+EM 的 QoS 预测准确度,与现有文献中提出的其他几种算法进行了对比。在该实验中,将 QoS 数据集分为 5 个不相交的 300×600 矩阵,采用 5 折交叉验证的思想,分别对这 5 个 QoS 矩阵进行预测,最后取 5 次实验的 NAME 均值作为实验结果,以降低数据集误差对算法的影响。由于在实际应用中,QoS 矩阵通常是极度稀疏的,因此在每次实验中,都通过随机移除 QoS 矩阵中的若干项,得到不同矩阵密度的稀疏 QoS 矩阵。算法的目标就是对这些移除项的 QoS 进行预测,然后利用这些移除项的原有值对预测结果的准确度进行评估。在该实验中 QoS 矩阵的矩阵密度以 0.01 为步长从 0.04 递增到 0.13,以研究算法在不同矩阵密度下的预测准确度。

图 3.1 和图 3.2 分别给出了不同算法在不同矩阵密度下的响应时间预测结果

和吞吐量预测结果。图中的 IPCC 表示传统的基于服务的协同过滤算法,其参数 Top-N 取 10。IPCC+AF 表示采用 3.3.1 节和 3.3.2 节所述的改进的基于服务协同过滤算法,其参数 Top-N 也取 10。WSRec 为文献[10,24]提出的混合协同过滤算法,其参数 Top-N 和 λ 分别取文献所述的最优值 10 和 0.2。BNMF(basic NMF) 表示文献[26]提出的基本 NMF 算法,BNMF 直接采用式(3.15)对稀疏 QoS 矩阵进行因子分解拟合,未考虑 QoS 矩阵的稀疏性,并且也未引入 QoS 矩阵中的近邻信息,其参数特征因子个数取 10,NMF 迭代次数取 100。NCNMF+EM 表示本章提出的结合近邻信息的 NMF 算法,算法的参数 Top-N 取 10,NMF 算法迭代次数 q_{max} 取 100,特征因子个数 k 取 10。图中 NCNMF+1EM 表示 EM 迭代次数 t_{max} 为 1,NC-NMF+5EM 表示 EM 迭代次数 t_{max} 为 5,以此类推。

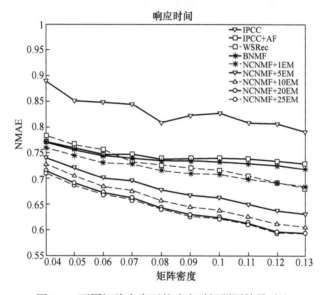

图 3.1　不同矩阵密度下的响应时间预测结果对比

图 3.1 和图 3.2 表明,随着 QoS 矩阵密度的增大,所有算法的 NMAE 值都呈下降趋势,即算法的预测准确度呈上升趋势。这是由于 QoS 矩阵越稠密,其提供给算法的 QoS 信息就越丰富,因此更有利于近邻关系和隐含特征的挖掘,从而提升算法的 QoS 预测准确度。从图 3.1 和图 3.2 中不难发现,NCNMF+EM 只需 1 次 EM 迭代,其对响应时间和吞吐量的预测准确度就普遍优于其他几种算法,并且当 EM 迭代次数增大时,算法的预测准确度得到大幅提升。从图 3.1 中还可以发现,随着 EM 迭代次数的增大,NCNMF+EM 对响应时间的预测准确度的提升幅度逐渐缩小,且在 20 次迭代时的预测结果与 25 次迭代的结果重叠,表明 NCNMF+EM 经过 20 次左右迭代后收敛到最优值;同样,从图 3.2 中也可以发现,随着 EM 迭代次

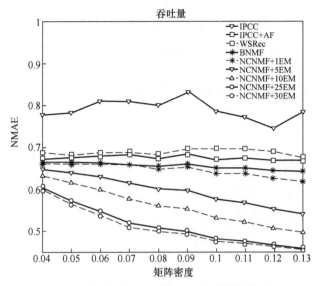

图 3.2 不同矩阵密度下的吞吐量预测结果对比

数的增大，NCNMF+EM 对吞吐量的预测准确度的提升幅度也逐渐缩小，并于 25 次左右迭代后收敛到最优值。

从图 3.1 和图 3.2 的对比中还可以发现，WSRec 由于综合利用了用户和服务的近邻信息，其对响应时间的预测准确度较高，且随着矩阵密度的增大准确度提升明显，但是对吞吐量的预测准确度却并不理想，并且准确度也没有随矩阵密度增大而呈现明显的增长趋势。可以认为，这是由于不同用户体验到的 Web 服务的响应时间相较于吞吐量而言更为稳定，因此近邻信息对于响应时间的预测贡献率较大，而对于吞吐量的预测贡献率较小。而 NCNMF+EM 对于两种 QoS 的预测准确率都较高，表明本章提出的结合近邻信息和隐含特征信息的方法可更好地用于不同类型的 QoS 属性值预测。

3.5.3 有效性实验

本节通过对比 NCNMF+EM 与其他算法的运行时间，以评估 NCNMF+EM 的时间性能。在本实验中，用户数固定为 300，服务数以 100 为步长从 100 递增到 1000，以获取不同规模的用户-服务 QoS 矩阵，进而研究算法在不同矩阵规模下的时间性能。所有算法的参数设置与 3.5.2 节相同，由于响应时间和吞吐量的预测时间相当，因此采用响应时间 QoS 矩阵作为本次实验数据集，矩阵密度取 0.1。从图 3.3 中可以发现，随着矩阵规模的增大，所有算法的运行时间都相应增长。其中 BNMF 增长幅度最小，效率最高；WSRec 增长幅度最大，效率最低；NCNMF+EM 与

IPCC 和 IPCC+AF 的运行时间相当,均随着矩阵规模的增大呈线性增长,有效性较高,因此可应用于大规模的 QoS 预测问题中。从图 3.3 中还可以发现,NCNMF+EM 随着 EM 迭代次数的增加,其运行时间并没有大幅增加,而是线性增长,结合图 3.1 和图 3.2 可知,NCNMF+EM 通过牺牲部分时间性能,可显著提升 QoS 预测的准确度。在实际应用中,可根据系统需求在算法效率和算法预测准确度之间进行权衡。

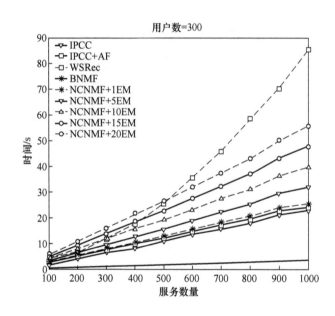

图 3.3 不同矩阵规模下的算法时间性能对比

3.5.4 收敛性实验

该实验对 NCNMF+EM 与 BNMF 的收敛性能进行对比(图 3.4 和图 3.5)。实验数据分别采用 300×600 的响应时间和吞吐量 QoS 矩阵,两种算法的特征因子数均取 10,EM 迭代次数均取 1,QoS 矩阵密度为 0.05。

图 3.4 和图 3.5 表明,NCNMF+EM 的收敛速度和最终收敛值都明显优于 BNMF,这主要是由于前者在 NMF 算法中引入了近邻先验信息,指导了 NMF 算法的优化方向,因此算法可较快地收敛到最优值。从图中不难发现,NCNMF+EM 在响应时间和吞吐量的预测中,均在迭代 100 次左右后收敛,因此在其他实验中,NCNMF+EM 中的 NMF 迭代次数 q_{max} 均设为 100。

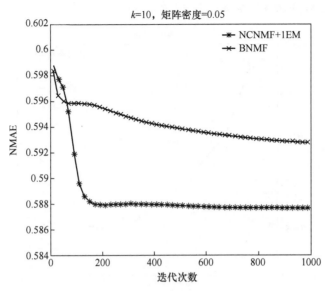

图 3.4 响应时间预测收敛结果对比

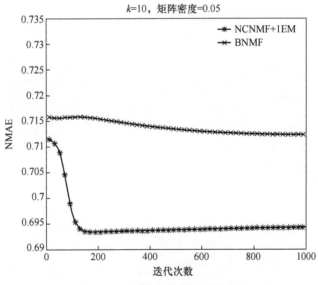

图 3.5 吞吐量预测收敛结果对比

3.5.5 Top-N 值对预测准确度的影响

在本实验中,将 Top-N 值以 3 为步长从 3 递增到 30,以研究 Top-N 值对 NC-NMF+EM 预测准确度的影响(图 3.6 和图 3.7)。实验数据集同上,算法参数 t_{max}

取 1、q_{max} 取 100、k 取 10,结果取 10 次独立运行的平均值。

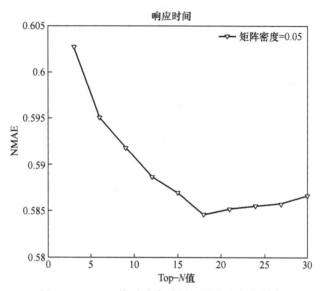

图 3.6 Top-N 值对响应时间预测准确度的影响

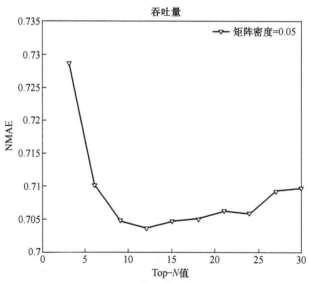

图 3.7 Top-N 值对吞吐量预测准确度的影响

图 3.6 和图 3.7 表明,当 Top-N 值小于某个阈值时,增大 Top-N 可提高算法的预测准确度,但超过该阈值时,增加 Top-N 反而会降低算法的预测准确度。其原因是当 Top-N 较小时,增加 Top-N 值,有利于挖掘出更多的近邻信息,从而提高算法的预测准确度。另外,由于 QoS 矩阵的稀疏度较高造成服务的共同用户数较

少,因此与目标服务相似的近邻服务数是有限的,此时若 Top-N 值较高,将在协同过滤预测中引入大量不相似服务的 QoS 信息,因此导致预测准确度下降。在实际应用中,可通过设定相似度阈值,使得超过该阈值的服务被认定为近邻服务,以此动态地确定合理的 Top-N 值。从图 3.6 和图 3.7 中还可以发现,响应时间和吞吐量的最佳 Top-N 值分别为 18 和 12,表明在预测响应时间时,近邻服务数相对较多,该结果也进一步验证了 3.5.2 节中的猜测,即不同用户体验到的 Web 服务的响应时间相较于吞吐量而言更为稳定。

3.5.6 特征因子数 k 对预测准确度的影响

在该实验中,特征因子数 k 以 3 为步长从 3 递增到 30,以研究 NCNMF+EM 在取不同 k 时的预测准确度。实验数据集同上,算法的参数 EM 迭代次数 t_{max} 取 1,Top-N 取 10,NMF 迭代次数 q_{max} 取 100,QoS 矩阵密度为 0.05。

图 3.8 和图 3.9 所示分别为 NCNMF+EM 在取不同特征因子数时的响应时间和吞吐量预测结果,结果为运行 10 次的平均值。

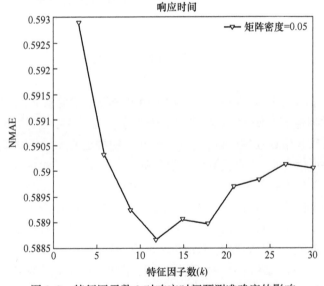

图 3.8 特征因子数 k 对响应时间预测准确度的影响

图 3.8 和图 3.9 表明,当特征因子数 k 较小时,随着 k 的增加,算法的预测准确度明显上升;当 k 超过某个阈值时,随着 k 的增加反而会导致算法的预测准确度下降。其原因是当 k 过小时,从 QoS 矩阵中挖掘的隐含特征过少,此时的因子模型难以较好地拟合原始 QoS 矩阵,导致预测准确度较低;而当 k 过大时,则会造成模型的过拟合问题,从而导致算法准确度下降。一般 k 取满足 $k \ll mn/(m+n)$ 的正整数,在实际应用中,可根据实际问题选择若干个 k 值进行实验验证,以确定最优的 k 值。

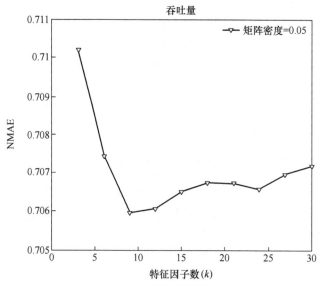

图 3.9　特征因子数 k 对吞吐量预测准确度的影响

3.6　本 章 小 结

　　本章分析了 Web 服务的 QoS 预测对于服务选择的重要意义,给出了 QoS 数据库中的 QoS 数据存储实例,并在此基础上给出了 QoS 预测问题的相关定义,通过分析现有相关研究中存在的问题,提出一种通过挖掘已有 QoS 观测数据中的近邻信息和隐含特征信息而实现服务 QoS 预测的方法。该方法的主要思想为通过矩阵因子分解模型技术找到一个低维线性模型对 QoS 矩阵进行逼近,然后采用该模型为用户提供个性化的服务 QoS 预测。该方法的具体实施步骤为:首先假设 QoS 观测数据产生于一个低维线性模型和高斯噪声的叠加,进而将稀疏 QoS 矩阵下的 QoS 预测问题转化为模型参数的 EM 估计问题;然后提出一种结合近邻信息的非负矩阵分解算法(NCNMF+EM)对该问题进行求解。由于该算法综合利用了 QoS 矩阵中的近邻信息和隐含特征信息,因此可实现对不同类型 QoS 属性值的准确预测。为了验证 NCNMF+EM 的有效性,采用 WS-DREAM 数据集对算法的 QoS 预测准确度和时间性能进行实验评估,同时对算法中的参数对预测准确度的影响进行分析。通过与已有的其他 QoS 预测算法进行对比,表明了 NCNMF+EM 具有更高的 QoS 预测准确度,可更好地用于不同类型的 QoS 属性值预测,且算法具有较优的时间性能,因此可适用于大规模的 QoS 预测问题,从而为大规模的服务选择和推荐问题提供可靠的 QoS 数据支撑。

参 考 文 献

[1] ALRIFAI M,RISSE T,NEJDL W.A Hybrid Approach for Efficient Web Service Composition with End-to-End QoS Constraints[J].ACM Trans.on the Web,2012,6(2):1-31.

[2] ZHENG Z,MA H,R LYU M,et al.Collaborative Web Service QoS Prediction via Neighborhood Integrated Matrix Factorization[J].IEEE Trans. on Services Computing,2013,6(3):289-299.

[3] ZHENG Z,ZHANG Y,R LYU M.Distributed QoS Evaluation for Real-World Web Services[C]. IEEE International Conference on Web Services,2010:83-90.

[4] XIAO R. Constructing a novel QoS aggregated model based on KBPP[J].Communications in Computer and Information Science,2010,107(3):117-126.

[5] LIU M,WANG M,SHEN W,et al.A quality of service(QoS)-aware execution plan selection approach for a service composition process[J].Future Generation Computer Systems, 2012, 28:1080-1089.

[6] LIN C,SHEU R,CHANG Y,et al.A relaxable service selection algorithm for QoS-based web service composition[J].Information and Software Technology,2011,53:1370-1381.

[7] HADDAD J,MANOUVRIER M,RUKOZ M.TQoS:Transactional and QoS-Aware Selection Algorithm for Automatic Web Service Composition[J].IEEE Trans. on Services Computing,2010,3(1):73-85.

[8] 王海艳,杨文彬,王随昌.基于可信联盟的服务推荐方法[J].计算机学报,2014,37(2):301-311.

[9] SHAO L,ZHANG J,WEI Y,et al.Personalized QoS Prediction for Web service via Collaborative Filtering[C].IEEE International Conference on Web Services,2007:439-446.

[10] ZHENG Z,MA H,R LYU M,et al.QoS-Aware Web Service Recommendation by Collaborative Filtering[J].IEEE Trans. on Services Computing,2011,4(2):140-152.

[11] 张莉,张斌,黄利萍,等.预测 Web QoS 的协作过滤算法[J].东北大学学报,2011,32(2):202-206.

[12] 刘志中,王志坚,周晓峰,等.基于事例推理的 Web 服务 QoS 动态预测研究[J].计算机科学,2011,38(2):119-121.

[13] 海燕,王志坚,刘志中,等.一种支持 Web 服务 QoS 动态预测的方法[J].南京理工大学学报,2013,37(1):52-59.

[14] 张莉,张斌,黄利萍,等.基于服务调用特征模式的个性化 Web 服务 QoS 预测方法[J].计算机研究与发展,2013,50(5):1070-1071.

[15] 彭飞,邓浩江,刘磊.面向个性化服务推荐的 QoS 动态预测模型[J].西安电子科技大学学报(自然科学版),2013,40(4):207-213.

[16] ZHANG Y,ZHENG Z,R LYU M.WSPred:A Time-Aware Personalized QoS Prediction Framework for Web Services[C].IEEE International Symposium on Software Reliability Engineering, 2011:210-219.

[17] ZHANG S, WANG W, FORD J, et al. Learning from Incomplete Ratings Using Non-negative Matrix Factorization[C].6th SIAM Conference on Data Mining(SDM),2006:548-552.
[18] SALAKHUTDINOV R,MNIH A.Probabilistic Matrix Factorization[C].Proc.Advances in Neural Information Processing Systems,2007:1257-1264.
[19] ZHANG S,WANG W,FORD J,et al.Using Singular Value Decomposition Approximation for Collaborative Filtering[J].In Proceedings of the Seventh IEEE International Conference on E-Commerce Technology,2005:1-8.
[20] SREBRO N,JAAKKOLA T.Weighted low rank approximation[C].In Proceedings of the 20th International Conference on Machine Learning,2003,3:720-727.
[21] LEE D D,SEUNG H S.Learning the Parts of Objects by Non-Negative Matrix Factorization[J]. Nature,1999,401(6755):788-791.
[22] LEE D D,SEUNG H S.Algorithms for Non-Negative Matrix Factorization[C].Proc.Advances in Neural Information Processing Systems,2000:556-562.
[23] HU R, PU P. Enhancing collaborative filtering systems with personality information[C]. In Proc. of The Fifth ACM Conf. on Recommender Systems, 2011: 197-204.
[24] ZHENG Z, MA H, R.LYU M, et al. Collaborative Web service QoS prediction via neighborhood integrated Matrix factorization [J]. IEEE Trans. on Services Computing, 2013, 6 (3): 289-299.
[25] ZHENG Z,MA H,R LYU M,et al.WSRec:A Collaborative Filtering Based Web Service Recommender System[C].IEEE International Conference on Web Services,2009: 437-444.

第4章 服务推荐系统中的相似度传播策略

第3章主要讨论了基于模型的协同过滤预测方法,本章主要介绍基于内存的协同过滤预测方法。基于内存的协同过滤,预测方法主要通过挖掘 QoS 数据中蕴含的用户之间或服务之间的近邻关系,然后利用近邻信息进行预测。基于内存的协同过滤预测方法建立在一个假设基础上:对某些服务拥有类似 QoS 体验的用户,在其他服务上感受到的 QoS 也会比较相似。然而,在现实环境中,绝大多数用户只调用过少数服务,导致 QoS 数据极度稀疏。使得基于内存的协同过滤预测方法很难找到足够多的近邻集用于对服务质量的准确预测。

本章主要介绍如何通过相似度传播(similarity propagation,SP)策略解决在稀疏数据条件下的相似度准确度量问题,从而提升对 QoS 数据中近邻信息的挖掘程度,为实现高质量的服务选择和推荐提供重要支撑。相似度传播策略受启发于社交网络中的信任传递思想[1-3]。在社交网络中,两个用户的间接信任可以通过一个中间第三方用户传递而来。可以认为,在服务推荐系统中,用户之间或服务之间的相似度也具备传递性,即意味着假如 A 和 B 相似、B 和 C 相似,则 A 和 C 在一定程度上也是相似的。由于在一个稀疏 QoS 数据条件下,用户或服务的直接近邻集是很难找到的,因此如何通过相似度传播策略寻找用户或服务的间接相似者,从而充分挖掘数据中的近邻信息对于基于内存的协同过滤预测方法显得尤为重要。

本章首先提出一种扩展的皮尔逊相关系数(Pearson correlation coefficient,PCC)对用户之间和服务之间的直接相似度进行度量;其次基于直接相似度数据分别构建无向用户相似度图和服务相似度图;再次对相似度图中的相似度传播路径进行搜索,进而对传播路径上的相似度进行评估,并通过集成多路径上的相似度计算节点间的间接相似度;最后通过结合直接相似度和间接相似度用于发现近邻用户集和近邻服务集,并利用两个集合的数据完成 QoS 数据的预测。

4.1 相似度传播服务推荐框架

近年来,许多学者提出了各类推荐系统框架,如 WSRec[4]、NIMF[5]被提出用于采集用户提交的 QoS 反馈数据,然后为消费者预测服务的 QoS。然而,其并未关注到在稀疏数据条件下的相似度度量不准确问题。为了解决该问题,提出一种基于 SP 策略的服务推荐框架,如图 4.1 所示。

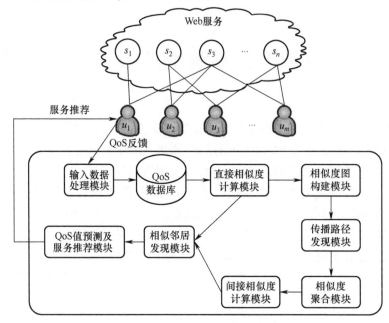

图 4.1 基于 SP 策略的服务推荐框架

该框架主要包含如下部分。

(1) 用户通过网络调用远程服务器上的 Web 服务,用户和服务之间的连线,表示用户调用过该服务,其可以将调用后观察到的 QoS 数据反馈给 SP 推荐服务器。在图 4.1 中,两个用户假如调用过相同的服务,则表示他们之间有直接交互关系,如用户 u_1 和 u_2 都调用过服务 s_3,则他们之间具有直接交互关系。类似地,假如两个服务被相同的用户调用过,则表示它们之间具有直接交互关系。

(2) 输入数据处理模块:对收集到的用户反馈 QoS 数据进行处理,然后提交给 QoS 数据库进行存储。直接相似度计算模块根据 QoS 数据库中的 QoS 数据计算用户之间或服务之间的直接相似度。

(3) 相似度图构建模块:根据直接相似度计算模块输出的用户相似度数据和服务相似度数据,分别构建无向加权用户相似度图和无向加权服务相似度图。传播路径发现模块分别搜索用户相似度图和服务相似度图上的用户之间和服务之间的相似度传播路径。

(4) 相似度聚合模块:将传播路径上的相似度进行聚合,得到传播路径的相似度。间接相似度计算模块对不同传播路径上的相似度进行集成,得到用户之间或服务之间的间接相似度。

(5) 相似邻居发现模块:根据用户之间的直接相似度和间接相似度发现活动

用户的一组相似用户,或者根据服务之间的直接相似度和间接相似度发现目标服务的一组相似服务。QoS 值预测及服务推荐模块采用相似用户或相似服务的 QoS 数据,为当前活动用户预测目标服务的 QoS,然后将 QoS 最优的一个或多个服务推荐给活动用户。

4.2 动机范例

表 4.1 给出了一个简单的用户服务 QoS 矩阵例子。其中的元素表示用户调用服务后感受到的响应时间属性值。大多数基于内存的方法[4,6-8]采用 PCC 方法计算用户之间或服务之间的相似度。PCC 主要利用用户之间或服务之间的公共集数据来计算相似度,如用户 u_2 和 u_4 共同调用过服务 s_1、s_3 和 s_5,因此他们之间的包含 s_1、s_3 和 s_5 3 个元素的公共服务集的数据被用来计算相似度。然而,随着用户数量和服务数量逐渐扩大,绝大多数用户只调用过少数服务,导致数据的稀疏问题。实际上,许多领域的推荐系统都面临着数据稀疏问题,如电影推荐系统领域中的两个著名数据集 Netflix 和 Movielens 的矩阵密度都低于 5%。在这种情况下,相似度因为以下几点原因可能得不到准确的度量。

表 4.1 用户服务 QoS 矩阵

	s_1	s_2	s_3	s_4	s_5
u_1		0.5	0.4	0.3	
u_2	0.8		0.7		0.7
u_3		0.3		0.8	
u_4	0.6		0.2	0.1	0.5
u_5	0.7	0.2		0.6	0.3

(1)两个用户之间或两个服务之间不存在公共集,因此相似度无法采用 PCC 方法计算。例如,用户 u_2 和 u_3 之间不存在共同调用过的服务,因此相似度无法计算。

(2)公共集只包含少量的元素,相似度可能被高估。例如,用户 u_1 和 u_2 只共同调用过一个服务 s_3,他们之间的相似度被高估为 1。

(3)公共集只包含少量的元素,实际上,高度相似的用户由于恰好在少数几个服务上 QoS 感受不一致,导致他们之间相似度被错误地低估。例如,用户 u_1 和 u_3 共同调用过服务 s_2 和 s_4,由于他们在服务 s_4 上截然不同的 QoS 感受,导致相似度被低估为 -1。

为了解决上述问题,提出一种相似度传播方法来准确度量相似度。在这个方法中,不仅使用了用户之间或服务之间的直接交互信息,还使用了通过传播路径获得的间接相似性关系。例如,用户 u_2 和 u_5 之间具有直接交互关系,而用户 u_5 和 u_3 之间具有直接交互关系,因此用户 u_2 和 u_3 之间的相似度可以通过 $u_2 \rightarrow u_5 \rightarrow u_3$ 路径传递而来。如何发现用户之间或服务之间的间接相似关系,对于充分挖掘稀疏 QoS 数据中的近邻信息具有重要的作用。SP 策略的主要难点在于如何搜索传播路径,以及如何集成多条传播路径的相似度,接下来介绍详细的实现过程。

4.3 相似度计算

4.3.1 直接相似度计算

许多推荐系统都采用 PCC 方法来计算项目间的相似度,得益于其高准确率和易实现性[4]。两个用户之间的直接相似度可以基于他们之间的公共服务集数据计算,即

$$\mathrm{sim}_D(u,v) = \begin{cases} \dfrac{1}{1+\mathrm{e}^{-|S_{uv}|}} \dfrac{\sum\limits_{i \in S_{uv}}(R_{ui}-\overline{R_u})(R_{vi}-\overline{R_v})}{\sqrt{\sum\limits_{i \in S_{uv}}(R_{ui}-\overline{R_u})^2}\sqrt{\sum\limits_{i \in S_{uv}}(R_{vi}-\overline{R_v})^2}} & (|S_{uv}| \geqslant 2) \\ 0 & (|S_{uv}| < 2) \end{cases}$$

(4.1)

式中: $\mathrm{sim}_D(u,v)$ 为用户 u 和用户 v 之间的直接相似度; $S_{uv} = S_u \cap S_v$,为用户 u 和用户 v 都调用过的 Web 服务组成的集合; R_{ui} 为用户 u 调用服务 i 后观察到的 QoS 值; $\overline{R_u}$ 和 $\overline{R_v}$ 分别为用户 u 和用户 v 观察到的所有服务的平均 QoS 值; $|S_{uv}|$ 为用户 u 和用户 v 都调用过的 Web 服务组成的集合中的元素数量。式(4.1)是对传统的 PCC 方法的扩展,即采用了 sigmoid 函数作为衰减因子。当公共集较大时,可以获得更强的相似度;当公共集较小时,相似度会被衰减,该方法可以在一定程度上克服公共集较小带来的相似度高估和低估等情况。

同理,服务之间的相似度计算如下。

$$\mathrm{sim}_D(i,j) = \begin{cases} \dfrac{1}{1+\mathrm{e}^{-|U_{ij}|}} \dfrac{\sum\limits_{u \in U_{ij}}(R_{ui}-\overline{R_i})(R_{uj}-\overline{R_j})}{\sqrt{\sum\limits_{u \in U_{ij}}(R_{ui}-\overline{R_i})^2}\sqrt{\sum\limits_{u \in U_{ij}}(R_{uj}-\overline{R_j})^2}} & (|U_{ij}| \geqslant 2) \\ 0 & (|U_{ij}| < 2) \end{cases}$$

(4.2)

式中: $\mathrm{sim}_D(i,j)$ 为服务 i 和服务 j 之间的直接相似度; $U_{ij} = U_i \cap U_j$,为同时调用过服务 i 和服务 j 的所有用户构成的集合; $\overline{R_i}$ 和 $\overline{R_j}$ 分别为服务 i 和服务 j 被所有用户

调用的平均QoS值;$|U_{ij}|$为同时调用过服务i和服务j的所有用户构成的集合中的元素数量。

4.3.2 间接相似度计算

根据直接相似度数据构建无向加权相似度图。表4.2给出了一个简单的用户相似度矩阵例子。假设用户相似度矩阵定义为SU,则表4.2中的$SU_{12}=0.5$表示u_1和u_2之间的直接相似度为0.5;$SU_{23}=0$表示u_2和u_3没有过直接交互经历(根据式(4.1)所示共同调用过的服务数小于2个)。以表4.2为邻接矩阵,可以构建图4.1所示的无向加权用户相似度图。

表4.2 用户相似度矩阵

	u_1	u_2	u_3	u_4	u_5	u_6	u_7
u_1	0	0.5	0	0.1	0	0.6	0.3
u_2	0.5	0	0	0.4	0	0	0
u_3	0	0	0	0	0	0.2	0.6
u_4	0.1	0.4	0	0	0.4	0	0
u_5	0	0	0	0.4	0	0.2	0.5
u_6	0.6	0	0.2	0	0.2	0	0
u_7	0.3	0	0.6	0	0.5	0	0

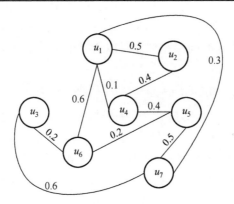

图4.1 无向加权用户相似度图

图4.1中的节点表示用户,边表示两个用户之间的直接交互经历,边上的权值表示该边连接的两个用户之间的直接相似度。对于两个非直接相连的用户,他们之间的间接相似度可以通过其他用户传播得到。例如,u_1和u_5之间的间接相似度可以通过$u_1 \to u_6 \to u_5$、$u_1 \to u_7 \to u_5$、$u_1 \to u_2 \to u_4 \to u_5$、$u_1 \to u_6 \to u_3 \to u_7 \to u_5$等传播路径得到。同理,也可以根据服务相似度矩阵构建无向加权服务相似度图。间接相似度计算主要关键点在于两个步骤,即搜索用户之间或服务之间的相似度传播路径,进而通过集成不同路径的相似度来计算间接相似度。

本节采用两种策略进行相似度传播路径搜索和间接相似度计算：基于最短路径的最小最大化相似度传播策略（min-max similarity propagation among shortest paths，SPaS）和基于所有路径的最小最大化相似度传播策略（min-max similarity propagation among au paths，SPaA）。SPaS 主要考虑用户之间或服务之间的最短传播路径，因为路径越长，相似度传播的强度会越弱，最短路径可以得到一个高强度和可信的相似度。SPaA 考虑了用户之间或服务之间的所有传播路径，因为最短路径有可能会忽略 QoS 数据中有价值的近邻信息。两种策略都采用了 Min-Max 策略来进行间接相似度的集成计算。在 Min-Max 策略中，路径中最小的相似度作为该路径的相似度，当结点之间有多条传播路径时，选取相似度最大的那条路径的相似度作为结点之间的最终间接相似度。

假设通过 QoS 数据计算得到的用户相似度图为 $G_U(U,E,sim_D)$，其中，U 表示所有用户，E 表示用户之间的所有边，sim_D 表示用户之间的直接相似度。在 SPaA 中，一条自用户 u 出发到用户 v 为终点的传播路径强度可以计算如下。

$$\text{Str}(P_k(u \to v)) = \min_{(a,b) \in E(u \to v)} \{sim_D(a,b)\} \quad (4.3)$$

式中：$P_k(u \to v)$ 为源自用户 u 到用户 v 的第 k 条传播路径；$\text{Str}(P_k(u \to v))$ 为路径 $P_k(u \to v)$ 的相似性强度；$E(u \to v)$ 为源自用户 u 到用户 v 路径上的所有边的集合；(a,b) 为 $E(u \to v)$ 中的一条边。例如，假如用户 u 到用户 v 之间的有一条路径 $(u \to a \to b \to v)$，则 $E(u \to v) = \{(u,a),(a,b),(b,v)\}$。

用户 u 和用户 v 之间的间接相似度可以通过聚合他们之间所有路径的相似度来得到，即

$$sim_I(u,v) = \max_{k \in P} \{\text{Str}(P_k(u \to v))\} \quad (4.4)$$

式中：$sim_I(u,v)$ 为用户 u 和用户 v 之间的间接相似度；P 为通过搜索用户相似度图 G_U 找到的用户 u 和用户 v 之间所有传播路径构成的集合。SPaS 策略与 SPaA 策略不同的地方在于，只搜索用户 u 和用户 v 之间的最短路径，然后将最优的最短路径作为最终的间接相似度。需要注意的是，这里的最短路径需要至少一个中间传播结点。

同理，假设得到的服务相似度图为 $G_S(S,E,sim_D)$，其中，S 表示所有 Web 服务，E 表示服务之间的所有边，sim_D 表示服务之间的直接相似度。在 SPaA 中，一条自服务 i 到服务 j 为终点的传播路径强度可以计算如下。

$$\text{Str}(P_k(i \to j)) = \min_{(a,b) \in E(i \to j)} \{sim_D(a,b)\} \quad (4.5)$$

式中：$P_k(i \to j)$ 为源自服务 i 到服务 j 的第 k 条传播路径；$\text{Str}(P_k(i \to j))$ 为路径 $P_k(i \to j)$ 的相似性强度；$E(i \to j)$ 为源自服务 i 到服务 j 路径上的所有边的集合；(a,b) 为 $E(i \to j)$ 中的一条边。

服务 i 和服务 j 之间的间接相似度可以通过聚合它们之间所有路径的相似性

来得到,即

$$\text{sim}_I(i,j) = \max_{k \in P}\{Str(P_k(i \to j))\} \tag{4.6}$$

式中:$\text{sim}_I(i,j)$ 为服务 i 和服务 j 之间的间接相似度;P 为通过搜索服务相似度图 G_S 找到服务 i 和服务 j 之间所有传播路径构成的集合。同理,在计算服务之间的直接相似度时,SPaS 策略与 SPaA 策略不同的地方在于,只搜索服务 i 和服务 j 之间的最短路径,然后将最优的最短路径作为最终的间接相似度。

设计了基于 Floyd 的图算法来实现 SPaS 和 SPaA 两种相似度传播策略,表 4.3 给出了算法的实现细节。

表 4.3 SPaS 和 SPaA 算法

算法:SPaA(基于所有路径的最小最大化相似度传播策略)	算法:SPaS(基于最短路径的最小最大化相似度传播策略)
输入:user direct similarity matrix sim D, the number of user m, distance matrix L, where each entry L_y denotes the distance between node i and j	输入:user direct similarity matrix sim D, the munber of users m, distance matrix L, where each entry L_{ij} denotes the distance between node i and j
输出:user indirect similarity matnx sim I, where $\text{sim}I_d$ denotes the indirect similarity between user i and j	输出:user indirect similanity matrix sim I, where sim I_{ij} denotes the indirect similarity between user i and j
1　sim I = sim D;	1　Each entry sim I_{ij} in sim I is initialized with the indirect similarity propagated from only one intermediate node;
2　For each entry L_y in L do	2　For each entry L_{ij} in L do
3　　If $\text{sim}I_{ij}=0$ then $L_{ij}=0$, else $L_{iy}=1$;	3　　If sim $I_{ij}=0$ then $L_{ij}=0$, else $L_{iy}=2$;
4　End for	4　End for
5　For($k=1;k\leq m;k++$) do	5　For($k=1;k\leq m;k++$) do
6　　For($i=1;i\leq m;i++$) do	6　　For($i=1;i\leq m;i++$) do
7　　　For($j=1;j\leq m;j++$) do	7　　　For($j=1;j\leq m;j++$) do
8　　　　If($k\neq i \&\& k\neq j \&\& i\neq j$) then	8　　　　If($k\neq i \&\& k\neq j \&\& i\neq j$) then
9　　　　　If($(L_{ik}+L_{ip})\leq 6$) then	9　　　　　If($\sin I_{ij}<\min\{\text{sim}\}I_{ik},\text{sim}\,I_{nj}\}$) then
10　　　　　　If($\text{sim}I_{ij}<\min\{\text{sim}\}I_{ik},\text{sim}I_{ky}\}$) then	10　　　　　If($L_{ik}+L_{ij}\leq\|\leq L_{ij}=0$) then
11　　　　　　　$\text{sim}I_{ij}=\min\{\text{sim}I_{ik},\text{sim}I_{kj}\}$;	11　　　　　　$\text{sim}I_{ij}=\min\{\text{sim}I_{ik},\text{sim}I_{kj}\}$;
12　　　　　　　$L_{ij}=L_{ik}+L_{kj}$;	12　　　　　　$L_{ij}=L_{ik}+L_{kj}$;
13　　　　　　End if	13　　　　　End if
14　　　　　End if	14　　　　End if
15　　　　End if	15　　　End if
16　　　End for	16　　End for
17　　End for	17　End for
18　End for	18　End for
19　Return sim I	19　Return sim I

在 SPaA 算法中的第 9 步，两个结点的距离不超过 6，是基于社会网络中的"六度分离原则"，避免传播路径过长的问题。在 SPaS 算法中的第 1 步，间接相似度矩阵 sim I 初始化的时候，赋值为只含一个中间传播结点的间接相似度，是因为最短传播路径需要至少一个中间传播结点。服务之间的间接相似度计算和以上算法相同，只需将输入参数"用户直接相似度矩阵"更改为"服务直接相似度矩阵"即可。

4.3.3 相似度集成

采用相似度权重 $\alpha(0 \leqslant \alpha \leqslant 1)$ 来综合直接相似度和间接相似度，得到用户之间或服务之间的集成相似度。用户 u 和用户 v 之间的集成相似度定义为

$$\mathrm{sim}'(u,v) = \alpha_{uv}\mathrm{sim}_D(u,v) + (1 - \alpha_{uv})\mathrm{sim}_I(u,v) \tag{4.7}$$

其中，相似度权重 α_{uv} 计算如下：

$$\alpha_{uv} = \frac{|S_u \cap S_v|}{|S_u \cup S_v|} \tag{4.8}$$

式中：$|S_u \cap S_v|$ 为用户 u 和用户 v 都调用过的服务数量；$|S_u \cup S_v|$ 为用户 u 或用户 v 调用过的服务数量。

式(4.8)表明，当用户 u 和 v 调用过的公共服务集 $|S_u \cap S_v|$ 中的元素较少时，相似度权重 α_{uv} 会降低直接相似度在集成相似度中的贡献程度而提升间接相似度在集成相似度中的贡献程度。由于 α_{uv} 取值范围为 $[0, 1]$，$\mathrm{sim}_D(u,v)$ 和 $\mathrm{sim}_I(u,v)$ 取值范围都为 $[0, 1]$，因此 $\mathrm{sim}'(u,v)$ 取值范围为 $[-1, 1]$。

同理，服务 i 和服务 j 之间的集成相似度计算如下：

$$\mathrm{sim}'(i,j) = \alpha_{ij}\mathrm{sim}_D(i,j) + (1 - \alpha_{ij})\mathrm{sim}_I(i,j) \tag{4.9}$$

其中，相似度权重 α_{ij} 定义如下：

$$\alpha_{ij} = \frac{|U_i \cap U_j|}{|U_i \cup U_j|} \tag{4.10}$$

式中：$|U_i \cap U_j|$ 为调用过服务 i 和服务 j 的用户数量；$|U_i \cup U_j|$ 为调用过服务 i 或者服务 j 的用户数量。$\mathrm{sim}'(i,j)$ 的取值范围同样为 $[-1,1]$。

4.4 缺失服务质量预测

完成相似度计算后，可以发现一组 Top-K 个相似用户或相似服务用于缺失 QoS 数据的预测。

在基于用户的 PCC 方法(UPCC)中，Top-K 个相似用户被发现用于 QoS 值的预测。为了与传统方法进行区分，采用了 SPaS 或 SPaA 相似度传播策略的 UPCC 被分别命名为 UPCC-SPaS 和 UPCC-SPaA。最终的预测值可通过下式计算得到。

$$R_{ui} = \overline{R_u} + \frac{\sum_{v \in T(u)} \text{sim}'(u,v)(R_{vi} - \overline{R_v})}{\sum_{v \in T(u)} \text{sim}'(u,v)} \quad (4.11)$$

式中：R_{ui} 为预测的 QoS 值；$\text{sim}'(u,v)$ 为用户 u 和用户 v 之间的集成相似度；用户 v 为用户 u 的邻居；$T(u)$ 为用户 u 的 Top-K 相似用户集合；R_{vi} 为用户 v 调用服务 i 后感受到的 QoS 值。

在基于服务的 PCC 方法（IPCC）中，Top-K 个相似服务被发现用于 QoS 值的预测。同样地，为了与传统方法进行区分，采用了 SPaS 或 SPaA 相似度传播策略的 IPCC 被分别命名为 IPCC-SPaS 和 IPCC-SPaA。最终的预测值可通过下式计算得到，即

$$R_{ui} = \overline{R_i} + \frac{\sum_{j \in T(i)} \text{sim}'(i,j)(R_{uj} - \overline{R_j})}{\sum_{j \in T(i)} \text{sim}'(i,j)} \quad (4.12)$$

式中：R_{ui} 为预测的 QoS 值；$\text{sim}'(i,j)$ 为服务 i 和服务 j 之间的集成相似度；服务 i 为服务 j 的邻居；$T(i)$ 为服务 i 的 Top-K 相似服务集合；R_{uj} 为用户 u 调用服务 j 后感受到的 QoS 值。

4.5 算法的时间复杂度

算法的时间复杂度主要包括 3 个部分：直接相似度计算、基于相似度传播的间接相似度计算和基于 Top-K 最近邻的 QoS 属性值预测。

在 UPCC-SPaA 或 UPCC-SPaS 中，为一对用户计算直接相似度的复杂度为 $O(n)$。由于需要计算 $m(m-1)/2$ 对用户相似度，因此用户之间的直接相似度计算步骤的复杂度为 $O(m^2n)$。在用户之间的间接相似度计算中，基于 Floyd 的相似度传播复杂度为 $O(m^3)$。在为活动用户选取 Top-K 个最相似用户时，需要 $O(m\log m)$ 对活动用户与其他用户的相似度进行排序。此外，为一个活动用户进行 Top-K 预测的复杂度为 $O(\text{Top-}K \cdot n)$，因此最终为一个活动用户预测缺失 QoS 值的复杂度为 $O(m\log m + \text{Top-}K \cdot n)$，为所有用户预测缺失 QoS 值的复杂度则为 $O(m^2\log m + \text{Top-}K \cdot mn)$。因此，UPCC-SPaA 或 UPCC-SPaS 的总时间复杂度为 $O(m^2n + m^3 + m^2\log m + \text{Top-}K \cdot mn) = O(m^2n + m^3)$。

类似地，在 IPCC-SPaA 或 IPCC-SPaS 中，为一对服务计算直接相似度的复杂度为 $O(m)$。由于需要计算 $n(n-1)/2$ 对服务相似度，因此服务之间的直接相似度计算步骤的复杂度为 $O(mn^2)$。在服务之间的间接相似度计算中，基于 Floyd 的相似度传播复杂度为 $O(n^3)$。在为目标服务选取 Top-K 个最相似服务时，需要

$O(n\log n)$ 对目标服务与其他服务的相似度进行排序。此外,对一个目标服务进行 Top-K 预测的复杂度为 $O(\text{Top}-K\cdot m)$,因此最终为一个目标服务预测缺失 QoS 值的复杂度为 $O(n\log n+\text{Top}-K\cdot m)$,为所有服务预测缺失 QoS 值的复杂度则为 $O(n^2\log n+\text{Top}-K\cdot mn)$。因此,IPCC-SPaA 或 IPCC-SPaS 的总时间复杂度为 $O(mn^2+n^3+n^2\log n+\text{Top}-K\cdot mn)=O(mn^2+n^3)$。

在现实环境中,直接相似度和间接相似度都可以通过离线方式计算并存储在数据库中,因此实时预测性能仅和线上复杂度相关,即基于用户的方法复杂度为 $O(m^2\log m+\text{Top}-K\cdot mn)$,基于服务的方法复杂度为 $O(n^2\log n+\text{Top}-K\cdot mn)$。

4.6 实 验 分 析

采用公开发布的 Web 服务的 QoS 数据集 WS-DREAM 对算法进行实验验证。实验通过纵向与未包含间接相似度度量的传统方法对比,以及横向和其他前沿算法进行对比,验证所提出的间接相似度方法在 QoS 属性预测方面的有效性。在实验中,用于对比分析的方法列举如下。

(1) UPCC(基于用户的协同过滤方法):采用相似用户的数据用于 QoS 属性值的预测[9]。

(2) UPCC-SPaS:本章提出的对传统 UPCC 方法的扩展,采用 SPaS 策略计算用户之间的间接相似度。

(3) IPCC(基于服务的协同过滤方法):采用相似服务的数据用于 QoS 属性值的预测[10]。

(4) IPCC-SPaS:本章提出的对传统 IPCC 方法的扩展,采用 SPaS 策略计算服务之间的间接相似度。

(5) WSRec[4]:一种改进的混合协同过滤方法,同时采用了相似用户和相似服务的数据用于预测。

(6) IPCC-ST[11]:一种引入间接相似度的 IPCC 扩展方法,其间接相似度计算只考虑一个中间结点用于相似度传播。

(7) IPCC-SPaA:本章提出的对传统 IPCC 方法的扩展,采用 SPaA 策略计算服务之间的间接相似度。

4.6.1 预测准确度评估

为了验证本章提出的间接相似度计算方法是否能提升在稀疏 QoS 数据条件下的相似度度量准确性,对 QoS 数据集的矩阵密度以 1% 为步长从 5% 依次增加到 14%,模拟现实环境中的高稀疏数据条件,并观察各种方法在不同数据稀疏度下的 NMAE 值。所有方法的参数 Top-K 值都设置为 10,实验结果如表 4.4 和图 4.2 所示。

表 4.4 不同方法的 NMAE 值对比

QoS 数据集	预测方法	矩阵密度									
		5%	6%	7%	8%	9%	10%	11%	12%	13%	14%
rt-Matrix	UPCC	0.9116	0.8650	0.8154	0.7859	0.7594	0.7245	0.7035	0.6556	0.6309	0.6020
	UPCC-SPaS	0.8915	0.8343	0.7733	0.7492	0.7135	0.6864	0.6576	0.6371	0.6220	0.5950
	IPCC	0.6384	0.6327	0.6223	0.6266	0.6310	0.6222	0.6208	0.6117	0.5970	0.5821
	IPCC-SPaS	0.5823	0.5781	0.5653	0.5638	0.5664	0.5540	0.5479	0.5412	0.5360	0.5311
	WSRec	0.6440	0.6329	0.6110	0.6041	0.6038	0.5828	0.5717	0.5591	0.5494	0.5388
	IPCC-ST	0.6124	0.5994	0.5815	0.5818	0.5836	0.5677	0.5639	0.5507	0.5437	0.5341
	IPCC-SPaA	0.5884	0.5807	0.5697	0.5712	0.5753	0.5613	0.5550	0.5504	0.5424	0.5309
Impro. of UPCC-SPaS 与 UPCC		2.2%	3.5%	5.2%	4.7%	6%	5.3%	6.5%	2.8%	1.4%	1.2%
Impro. of IPCC-SPaS 与 IPCC		8.8%	8.6%	9.2%	10%	10.2%	11%	11.7%	11.5%	10.2%	8.8%
Impro. of IPCC-SPaS 与 IPCC-ST		4.9%	3.6%	2.8%	3.1%	2.9%	2.4%	2.8%	1.7%	1.4%	0.6%
tp-Matrix	UPCC	0.7178	0.7030	0.6779	0.6762	0.6620	0.6414	0.6219	0.5973	0.5884	0.5705
	UPCC-SPaS	0.6611	0.6568	0.6351	0.6106	0.6008	0.5790	0.5661	0.5522	0.5538	0.5407
	IPCC	0.6353	0.6416	0.6395	0.6454	0.6392	0.6341	0.6211	0.6278	0.6253	0.6176
	IPCC-SPaS	0.5732	0.5751	0.5655	0.5609	0.5535	0.5433	0.5394	0.5366	0.5344	0.5290
	WSRec	0.6063	0.6159	0.6147	0.6094	0.5997	0.5946	0.5920	0.5848	0.5811	0.5803
	IPCC-ST	0.6097	0.6164	0.6092	0.6076	0.6015	0.5985	0.5932	0.5913	0.5913	0.5871
	IPCC-SPaA	0.5733	0.5774	0.5669	0.5610	0.5555	0.5457	0.5400	0.5376	0.5344	0.5296
Impro. of UPCC-SPaS 与 UPCC		7.9%	6.6%	6.3%	9.7%	9.2%	9.7%	9%	7.6%	5.9%	5.2%
Impro. of IPCC-SPaS 与 IPCC		9.8%	10.4%	11.6%	13.1%	13.4%	14.3%	13.1%	14.5%	14.5%	14.3%
Impro. of IPCC-SPaS 与 IPCC-ST		6%	6.7%	7.2%	7.7%	8%	9.2%	9.1%	9.3%	9.6%	9.9%

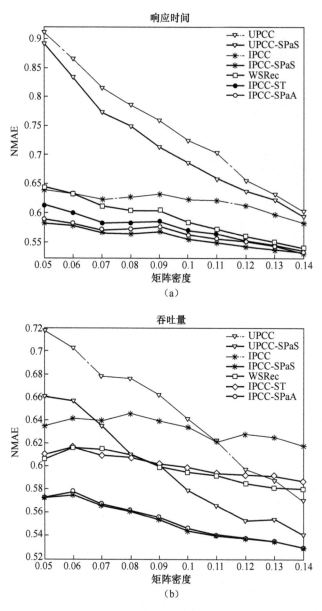

图 4.2　不同方法的 NMAE 值对比

实验结果表明,和未包含间接相似度计算的传统基于用户的协同过滤方法 UPCC 相比,包含间接相似度计算的基于用户的协同过滤方法 UPCC-SPaS 在响应时间预测上平均可以获得 4% 的预测准确度提升,在吞吐量预测上平均可以获得 7% 的预测准确度提升。和未包含间接相似度的传统基于服务的协同过滤方法 IPCC 相比,包含间接相似度计算的基于服务的协同过滤方法 IPCC-SPaS 在响应时间预测上平均可以获得10%的预测准确度提升,在吞吐量预测上平均可以获得13%的预测准确度提升。验证了本节提出的间接相似度计算方法可以提升相似度度量的准确性,进而提升推荐系统的精度。

此外,相较于只考虑一个中间结点的间接相似度计算方法IPCC-ST,IPCC-SPaS在响应时间和吞吐量预测方面,平均可以获得2.6%和8.3%的性能提升。该结果表明,在相似度传播中只考虑一个中间结点可能会忽略很多有价值的近邻信息,说明了本节提出的基于相似度传播的间接相似度计算方法更准确。实验结果还显示IPCC-SPaS在任意数据条件下均比IPCC-SPaA性能更优,表明了基于最短路径的相似度传播策略比基于所有路径的相似度传播策略在QoS预测中更为准确。

在所有数据场景下,IPCC-SPaS方法在响应时间和吞吐量预测中准确度均比其他方法更优。尤其当QoS数据较为稀疏时,如在5%矩阵密度条件下,其性能优势更为明显。这说明了在稀疏的数据条件下,相似度传播策略对于基于内存的协同过滤方法来说非常重要,其可以挖掘更多隐含在数据中的近邻信息,从而显著提升系统预测的准确度。

4.6.2 时间性能评估

本节采用不同规模的QoS矩阵对不同方法的时间性能进行评估。首先将用户数量设置为300,将服务数量以50为步长从100递增到500;然后将服务数量设置为300,将用户数量以20为步长从100递增到300。在所有方法中,参数Top-K值设置为10,矩阵密度设置为10%。

图4.3给出了各种方法随着QoS数据的递增,其算法运行时间的趋势。本节

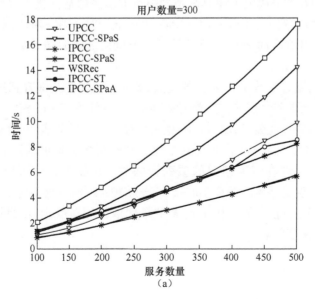

(a)

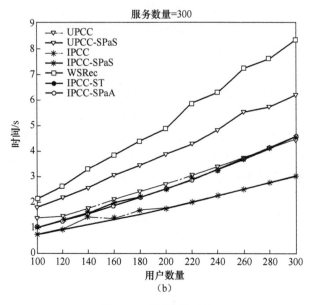

图 4.3 时间性能对比

提出的方法比 WSRec 方法更有效,但比传统的基于内存的协同过滤方法时间消耗更大。从图 4.3 中还可以发现,IPCC-SPaS 和 IPCC-SPaA 算法的时间消耗接近,表明基于最短路径的相似度传播策略的时间性能和基于所有路径的相似度传播策略的时间性能接近。

4.6.3 Top-K 值对预测准确度的影响

参数 Top-K 的值决定了在 QoS 预测中选取多少邻居。接下来将 Top-K 值以 3 为步长从 3 增加到 30,观察 IPCC-SPaS 和 IPCC-SPaA 在 3 种不同矩阵密度 5%、10% 和 15% 下对响应时间和吞吐量的预测准确度。实验结果如图 4.4 和图 4.5 所示。

实验表明,随着参数 Top-K 值的增大,算法的性能先是提升到某个最优点,然后逐渐稳定甚至更差。例如,在 15% 的矩阵密度条件下,IPCC-SPaS 算法在 Top-K 值为 12 时达到最优性能,然后 NMAE 值逐渐变差。该结果表明,合适的 Top-K 值对于预测至关重要,因为较小的 Top-K 值会忽略很多有价值的近邻信息;而较大的 Top-K 值又会将许多不相似的项列入邻居。从图 4.5 中可以发现,SPaS 和 SPaA 两种相似度传播策略都在 Top-K 取值为 10~15 时取得最优值。这表明无论在响应时间还是吞吐量预测中,Top-K 的最优取值相对稳定,不易被 QoS 数据本身特征或矩阵密度影响。

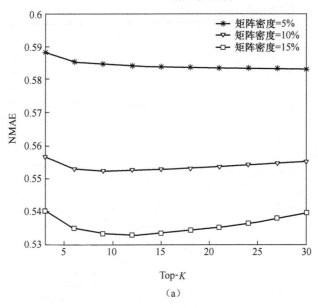

(a)

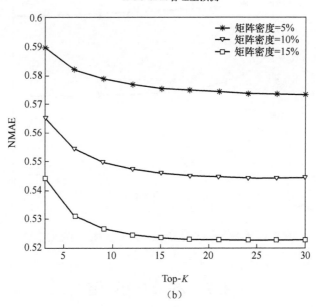

(b)

图 4.4 参数 Top-K 对 IPCC-SPaS 预测准确度的影响

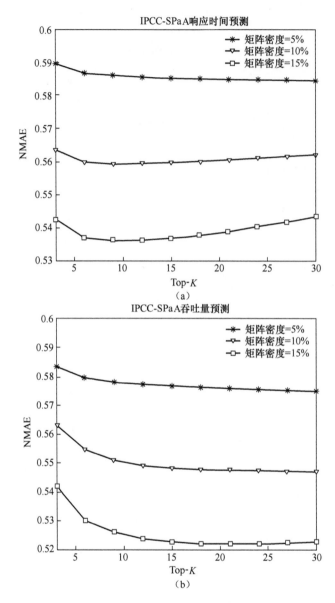

图 4.5 参数 Top-K 对 IPCC-SPaA 预测准确度的影响

4.7 本章小结

相似度度量是基于内存的协同过滤方法中关键的环节,现有的方法在稀疏数据条件下难以准确地度量。本章主要介绍了一种相似度传播策略,用于评估用户之间或服务之间的间接相似度。首先通过 QoS 数据计算用户之间和服务之间的直接相似度,并基于相似度数据构建用户相似度图和服务相似度图;其次通过相似度图搜索用户之间和服务之间的相似度传播路径;再次介绍了两种间接相似度传播策略,并设计了基于 Flyod 的算法用于实现这两种策略;最后通过集成直接相似度和间接相似度对相似度进行准确度量。通过实验评估可以表明,该策略可以显著提升基于内存的协同过滤方法的预测准确度,且不易受参数的影响。

参 考 文 献

[1] GOHARI F, ALIEE F, HAGHIGHI H. A Dynamic Local-Global Trust-aware Recommendation approach[J]. Electronic Commerce Research and Applications, 2019(34): 1-23.

[2] KIM Y. An enhanced trust propagation approach with expertise and homophily-based trust networks[J]. Knowledge-Based System, 2015(82): 20-28.

[3] LYU S, LIU J, TANG M, et al. Efficiently Predicting Trustworthiness of Mobile Services Based on Trust Propagation in Social Networks[J]. Mobile Networks and Applications, 2015(20): 840-852.

[4] ZHENG Z, MA H, HAO M, et al. QoS-aware Web service recommendation by collaborative filtering[J]. IEEE Transactions on Services Computing, 2011,4(2): 140-152.

[5] ZHENG Z, MA H, HAO M, et al. Collaborative Web service QoS prediction via neighborhood integrated matrix factorization[J]. IEEE Transactions on Services Computing, 2013, 6(3): 289-299.

[6] CHEN X, ZHENG Z, LIU X, et al. Personalized QoS-aware Web service recommendation and visualization[J]. IEEE Transactions on Services Computing , 2013,6(1): 35-47.

[7] FLETCHER L, LIU X. A Collaborative Filtering Method for Personalized Preference-based Service Recommendation[C]. IEEE International Conference on Web Services, 2015: 400-407.

[8] MA Y, WANG S, HUNG P, et al. A Highly Accurate Prediction Algorithm for Unknown Web Service QoS Values[J]. IEEE Transactions on Services Computing, 2016, 9(4) : 511-523.

[9] SHAO L, ZHANG J, Wei Y, et al. Personalized QoS prediction for Web services via collaborative filtering[C]. IEEE International Conference on Web Services, 2007: 439-446.

[10] SARWAR B, KARYPIS G, KONSTAN J, et al. Item-based collaborative filtering recommendation algorithms[C]. Proc. 10th Int'l Conf. World Wide Web, 2001: 285-295.

[11] SU K, MA L, XIAO B, et al. Web service QoS prediction by neighbor information combined non-negative matrix factorization[J]. Journal of Intelligent and Fuzzy Systems, 2016, 30(6): 3593-3604.

第 5 章　信任感知的服务质量个性化预测方法

在 QoS 驱动的 Web 服务选择和推荐方法中，QoS 数据的可信性占据着关键的作用，决定了服务选择和推荐系统的质量。假如在服务选择和推荐过程中，采用了用户反馈的虚假 QoS 数据，将导致系统推荐的服务大大偏离用户预期。为了解决服务 QoS 数据的可信性问题，Truong 等[1]提出由第三方监控中心对用户的服务调用过程进行监控，以动态地获取用户体验到的服务 QoS 数据，该方法虽然可以保证 QoS 的可信性，但需要为每个服务部署相应的传感器监视服务的运行过程，并不断地向监控中心报告其所监控到的 QoS 数据，很显然会为系统带来巨额的消耗，难以适应大型开放式系统的要求[2]。因此，在实际应用中，QoS 数据的收集将主要依靠用户在使用过服务后的反馈。采用用户反馈的方式一方面可以降低监控中心的系统负担，使 QoS 数据的收集过程更为简单；另一方面可直接从用户中收集通过监控方式无法获取的 QoS 信息，如用户满意度等。

目前绝大部分 QoS 驱动的 Web 服务选择和推荐方法都假设用户提供的 QoS 数据真实可靠[3-5]，然而该假设在实际应用中通常难以得到保证。出于商业利益的考虑，某些用户可能与部分服务供应商达成某种协议，通过虚假地抬高对其服务质量的评价，达到吸引用户以提高交易量的目的。部分不法商家甚至可能组织大量用户对其竞争对手的服务进行恶意诋毁，以谋取非法利益。用户的虚假反馈行为包括虚假积极反馈(ballot stuffing)和虚假消极反馈(bad-mouthing)两类。虚假积极反馈是指用户提供高于服务实际运行性能的 QoS 反馈；虚假消极反馈是指提供低于服务实际运行性能的 QoS 反馈。显然，假如用户使用了虚假 QoS 数据对服务的 QoS 进行预测，将导致预测结果的偏离，最终影响服务选择和推荐结果的可靠性。例如，在某个 QoS 驱动的 Web 服务选择任务中，s_1、s_2 和 s_3 是具有相似功能的候选服务，且服务 s_1 的 QoS 性能低于服务 s_2 和服务 s_3，但由于 s_1 供应商受利益的驱使雇佣了恶意用户 u_1 和用户 u_2 为其提供虚假积极反馈，而为竞争者的服务 s_2 和服务 s_3 提供虚假消极反馈，用户 u_3 在未使用过以上服务的情况下，不可避免地将参考用户 u_1 和用户 u_2 的 QoS 反馈数据，从而导致用户 u_3 对服务的 QoS 预测结果偏离实际，认为服务 s_1 的 QoS 性能优于服务 s_2 和服务 s_3 而做出错误的选择。

本章介绍一种信任感知的 Web 服务的 QoS 个性化预测方法。该方法通过挖掘一组可信邻居和相似服务来为当前用户预测目标 Web 服务的未知 QoS。实验表明,该方法在面临大量不可信用户反馈数据攻击下,可以保持较好的鲁棒性和预测准确度。

5.1 信任感知的服务质量预测框架

表 5.1 给出了一个简单的用户服务 QoS 矩阵例子。矩阵中的元素表示某个用户调用某服务后感受到的响应时间属性值。假如用户 u_j 此前未调用过服务 s_i,协同过滤推荐技术可根据调用过服务 s_i 的其他用户的 QoS 反馈信息为用户 u_j 预测服务 s_i 的 QoS 信息。由于协同过滤技术主要根据用户反馈信息的相似程度来为目标用户选取推荐用户,而忽略了推荐用户的反馈信息的可信性,假如推荐用户存在欺骗行为,如提供与服务运行值不一致的虚假 QoS 反馈值,将导致目标用户对服务的 QoS 预测结果偏离实际值,因此在预测前需对用户的虚假 QoS 反馈进行滤除,以提高 QoS 数据的可信性。

表 5.1 用户服务 QoS 矩阵

	s_1	s_2	s_3	s_4
u_1		0.5	0.4	0.3
u_2	0.8		0.7	0.9
u_3		0.3	0.2	
u_4	0.6			

研究表明,不可信用户在各类推荐系统中是普遍存在的。在 Web 服务推荐系统中,不可信用户通常在利益的驱使下会提供一些虚假的 QoS 反馈,如虚假抬高合作方服务或恶意诋毁竞争方服务的 QoS。图 5.1 给出了 WS-DREAM 数据集的统计分析,其反映了分布在不同位置上的 150 个网络用户随机调用 3 个不同 Web 服务时的响应时间和吞吐量实际值分布情况。由图 5.1 可知,不同用户在调用同一服务时,其 QoS 值存在一定的差异性,造成这种差异性的因素有很多,如用户输入、网络环境、地理位置和服务运行环境等。并且部分用户在调用某服务时的 QoS 值可能与大部分用户的体验差异较大,如图 5.1 中所示的服务 2 的响应时间一般分布在 0~0.5s 的范围内,然而第 130 个用户在调用服务 2 时的响应时间为 11s,大大超出了其他用户对服务 2 的体验值。由此可知,并不能因为用户在某些服务上提供了与大部分用户不一致的 QoS 反馈就将其认定为虚假用户,因为网络环境等客观因素也可能导致用户体验值的偏差。从图 5.1 中还可以发现,这 3 个服务的响应时间对于大多数用户都分布在某个区间内(如 91% 的响应时间数据分布在[0,2]的范围内),只有极少部分用户偏离该区间。因此,可以认为虽然服务对于

不同用户的 QoS 运行值不同,但一般都分布在某个稳定的区间范围内,只有少部分用户因外界环境因素导致出现偏离的情况,即用户的 QoS 体验偏离是一种小概率随机事件。因此,假如某个用户在大多数服务上所反馈的 QoS 值都与系统中可信用户所反馈的值偏离较大,则认为该用户很大可能为虚假用户。根据这一特征,可以采用无监督聚类方法研究 Web 服务的 QoS 数据的分布特征,找出真实 QoS 数据的分布特征,并利用 QoS 数据的分布特征对用户历次提交的反馈数据进行分类,最后基于 Beta 信誉系统理论实现对用户信誉度的动态评估,以充分挖掘 QoS

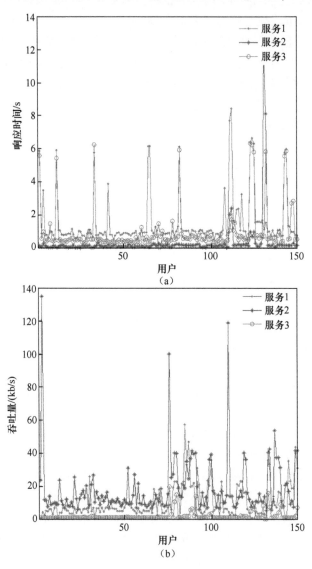

图 5.1 Web 服务的 QoS 属性值分布情况

数据中的虚假反馈信息。

针对不可信 QoS 数据普遍存在的网络环境下,提出一种信任感知的 Web 服务的 QoS 个性化预测框架 TAP。该框架可以准确评估用户的信誉度,削弱不可信数据对 Web 服务选择和推荐结果质量的影响。

图 5.2 所示的框架主要包含如下部分。

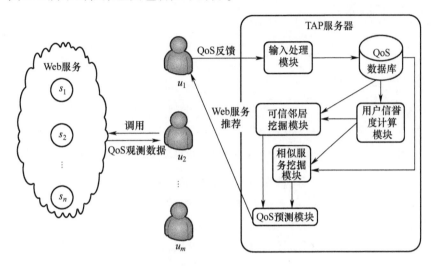

图 5.2　信任感知的 QoS 个性化预测框架

(1) 用户通过网络调用远程服务器上的 Web 服务,并将观测到的 QoS 数据反馈给 TAP 服务器。

(2) 输入处理模块:对收集到的用户反馈数据进行处理,然后提交给 QoS 数据库进行存储。

(3) 用户信誉度计算模块:根据收集到的用户反馈数据计算用户的信誉度。

(4) 可信邻居挖掘模块和相似服务挖掘模块:根据收集到的用户反馈数据和计算得到的用户信誉度,识别出一组可信邻居和相似服务。

(5) QoS 预测模块:为当前用户预测目标服务的未知 QoS,并将 QoS 最优的一个或一组 Web 服务推荐给当前用户。

TAP 中的主要流程包含两个部分:基于用户的聚类(UCluster)和基于服务的聚类(SCluster)。两个部分都可以为目标服务预测 QoS 值,为提升预测准确性,通过结合两个部分的预测值得到最终预测结果,如图 5.3 所示。

在基于用户的聚类部分,首先对每个服务上的不同用户的 QoS 数据进行聚类以识别出各个服务上的可信用户簇;然后根据用户的反馈值与可信用户簇的偏离程度计算用户的信誉度;再次采用 PCC 计算用户之间的相似度,并结合用户信誉度挖掘出当前用户的一组可信邻居;最后采用可信邻居的 QoS 数据对当前用户的未知 QoS 进行预测。

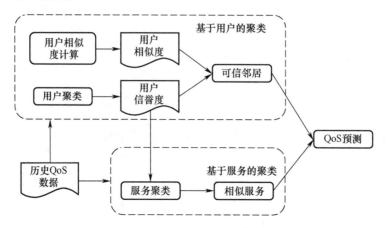

图 5.3 信任感知的 Web 服务质量预测方法的实施流程

在基于服务的聚类部分,首先对每个高信誉用户在不同服务上的 QoS 反馈数据进行聚类;然后根据不同服务被聚类为同一簇的频度计算服务之间的相似度;最后挖掘出目标服务的一组相似服务,并采用相似服务的 QoS 数据来预测目标服务的 QoS。通过结合以上两个部分的 QoS 预测结果,得到未知 QoS 的最终预测值。

5.2 基于用户的聚类

在基于用户的聚类(UCluster)中,假设大多数用户提交的 QoS 数据分布在某个合理的区间,也就是偏离合理区间的 QoS 值发生的概率很小。因此采用聚类方法对用户提交的反馈数据进行异常点检测。假如某个用户经常提交与大多数用户不一致的 QoS 数据,则该用户为不可信用户的概率非常高。基于这个假设,在 UCluster 中评估每个用户为可信用户的概率。

1. 用户 QoS 反馈数据的聚类

为了评估用户的可信性,首先采用 K-means 聚类算法对不同用户反馈的数据进行聚类。对于服务 s_j,通过最小化式(5.1)来对调用过该服务的所有用户进行聚类。

$$J = \sum_{k=1}^{K_u} \sum_{R_{ij} \in C_j^k} \| R_{ij} - \mu_j^k \|^2 \tag{5.1}$$

式中:C_j^k 为服务 s_j 上的第 k 个簇;μ_j^k 为第 k 个簇的中心;$k(1 \leq k \leq K_u)$ 为簇的编号。完成以上聚类过程后,用户将被聚类为若干个簇,处于同一簇中的用户具有更高的相似性。由于一般系统中的大多数用户为可信的,因此将包含最多元素的用户簇定义为可信用户簇。可信用户簇 s_j 可由下式表示:

$$U_j^{\max} = \{u \mid u \in C_j^i, i = \arg\max_k |C_j^k|\} \tag{5.2}$$

式中：$|C_j^k|$ 为服务 s_j 上的第 k 个簇的用户数量。由于可信用户簇 $U_j^{\max}$ 反映了大多数用户的观测值，因此可信用户簇中的 QoS 数据应该最接近服务 s_j 的规范 QoS 值。如前所述，一个偏离服务的规范 QoS 值的异常观测样本一般很少出现，因此采用可信用户簇将用户的反馈数据分为两类：积极反馈和消极反馈。积极反馈表示用户反馈的数据与大多数用户相似；消极反馈表示用户反馈的数据与大多数用户不一致。

由于不同用户观测到的 Web 服务的 QoS 值服从高斯分布 $N(\mu, \sigma^2)$，其中 μ 和 σ 分别是 QoS 数据的均值和标准差。由高斯分布的 $3-\sigma$ 准则可知，某个 QoS 观测样本落入 $(\mu - 3\sigma, \mu + 3\sigma)$ 区域的概率约为 99.7%。因此，用户 u_i 观测到的服务 s_j 的 QoS 值的概率 P 满足下式。

$$P(\mu_j^{\max} - 3\sigma_j^{\max} < R_{ij} \leq \mu_j^{\max} + 3\sigma_j^{\max}) = 99.7\% \tag{5.3}$$

式中：$\mu_j^{\max}$ 和 $\sigma_j^{\max}$ 分别为服务 s_j 上的可信用户簇 $U_j^{\max}$ 的簇中心和标准差。在式 (5.3) 中，采用可信用户簇的数据而不是系统中整个用户的数据来评估，是因为系统中包含的不可信用户会导致评估出现偏差。

在式 (5.3) 的基础上，采用下式将用户反馈分类为积极反馈或消极反馈。

$$R_{ij} = \begin{cases} \text{Positive} & (|R_{ij} - \mu_j^{\max}| \leq 3\sigma_j^{\max}) \\ \text{Negative} & (|R_{ij} - \mu_j^{\max}| > 3\sigma_j^{\max}) \end{cases} \tag{5.4}$$

当所有的用户反馈数据都被分类后，每个用户的 QoS 反馈信息可以表示为一个反馈向量。

$$F_i = \begin{bmatrix} p_i \\ n_i \end{bmatrix} \quad (p_i \geq 0, n_i \geq 0) \tag{5.5}$$

式中：F_i 为用户 u_i 的反馈向量；p_i 为 u_i 提交的积极反馈的数量；n_i 为 u_i 提交的消极反馈的数量。

2. 用户信誉度计算

用户信誉度反映了公众对该用户是否可信的观点。信誉机制可以鼓励用户诚信地反馈行为，并且可以帮助用户判断哪些数据是可信的。Beta 信誉系统通过结合用户反馈先验信息和新反馈数据来动态评估用户的信誉度。本节采用 Beta 概率密度函数来表示用户提交积极反馈或消极反馈这个二进制事件的概率分布，进而评估用户的信誉度。

Beta 分布簇是一组连续函数，主要包含两个参数：α 和 β。Beta 概率分布的表达式为

$$\text{Beta}(p \mid \alpha, \beta) = \frac{\Gamma(\alpha + \beta)}{\Gamma(\alpha)\Gamma(\beta)} p^{\alpha-1}(1-p)^{\beta-1} \tag{5.6}$$

其中，$0 \leq p \leq 1$；$\alpha, \beta > 0$，假如 $\alpha < 1$，则随机变量 $p \neq 0$，假如 $\beta < 1$，则随机变量 $p \neq 1$，Γ 满足 $\Gamma(x) = \int_0^\infty t^{x-1} e^{-t} dt$。Beta 分布的期望值可表示为

$$E(p) = \alpha/(\alpha + \beta) \tag{5.7}$$

假如用户 u_i 的反馈向量 $\boldsymbol{F}_i$ 包含 p_i 个积极反馈和 n_i 个消极反馈，则用户 u_i 未来会提供积极反馈的概率密度函数可表示为其过去所提供的反馈数据的函数，即通过更新参数 α 和 β 得到新的 Beta 分布。

$$\alpha = p_i + 1, \quad \beta = n_i + 1 \quad (p_i, n_i \geq 0) \tag{5.8}$$

因此，一旦获取了用户 u_i 的反馈向量 $\boldsymbol{F}_i$，用户 u_i 的后验信誉值可通过结合其先验信誉值和新观测到的反馈数据而计算得到。

$$\text{Rep}(u_i) = E(\text{Beta}(p \mid p_i + 1, n_i + 1)) = \frac{p_i + 1}{p_i + n_i + 2} \tag{5.9}$$

式中：$\text{Rep}(u_i)$ 为用户 u_i 的信誉值，取值范围为 $[0, 1]$。举例说明，假如用户 u_i 的反馈向量 $\boldsymbol{F}_i$ 包含 7 个积极反馈和 1 个消极反馈，则 Beta 概率密度函数 $\text{Beta}(p \mid 8, 2)$，如图 5.4 所示。图 5.4 表明了用户 u_i 在未来提交积极反馈的不确定度。用户 u_i 的信誉度为概率期望值 $\text{Rep}(u_i) = E(p) = 0.8$，表示用户 u_i 在未来提交积极反馈的概率为 0.8。

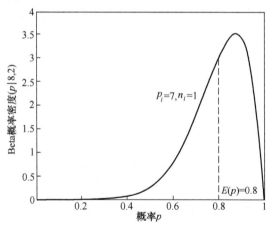

图 5.4 包含 7 个积极反馈和 1 个消极反馈的 Beta 概率密度函数

3. 可信邻居挖掘

用户之间的信任值表示一个用户多大程度上可以信任另一个用户的 QoS 反馈数据。用户对一个实体的信任可以源于用户对该实体的直接经验，也可以源于该实体的信誉度。在本书中，根据用户对共同调用的 Web 服务上的 QoS 反馈数据

的皮尔逊相似度来评估用户的直接经验,然后结合用户信誉度来评估用户之间的信任值。用户之间的 PCC 相似度可由下式计算得到。

$$\mathrm{sim}(u_i, u_a) = \frac{\sum_{j \in S_{ia}} (R_{ij} - \overline{R_i})(R_{aj} - \overline{R_a})}{\sqrt{\sum_{j \in S_{ia}} (R_{ij} - \overline{R_i})^2} \sqrt{\sum_{j \in S_{ia}} (R_{aj} - \overline{R_a})^2}} \quad (5.10)$$

式中:$\mathrm{sim}(u_i, u_a)$ 为用户 u_i 和用户 u_a 之间的相似度,取值范围为$[-1,1]$,值越大表示越相似;$S_{ia} = S_i \cap S_a$,为用户 u_i 和用户 u_a 共同调用过的 Web 服务的集合;R_{ij} 为用户 u_i 调用服务 s_j 时体验到的 QoS;$\overline{R_i}$ 和 $\overline{R_a}$ 分别为用户 u_i 和用户 u_a 观测到的不同服务的平均 QoS 值。

用户 u_i 和用户 u_a 之间的信任值可通过结合他们的相似度和 u_a 的信誉度计算得到,即

$$T(u_i, u_a) = \frac{2 \times \mathrm{Rep}(u_a) \times |\mathrm{sim}(u_i, u_a)|}{\mathrm{Rep}(u_a) + |\mathrm{sim}(u_i, u_a)|} \quad (5.11)$$

式中:$T(u_i, u_a)$ 为用户 u_i 和用户 u_a 之间的信任值,表示用户 u_i 多大程度上可以信任用户 u_a 的反馈数据;$\mathrm{Rep}(u_a)$ 为用户 u_a 的信誉度;$\mathrm{sim}(u_i, u_a)$ 为用户 u_i 和用户 u_a 之间的相似度。由式(5.11)可知,信任值 $T(u_i, u_a)$ 取值范围为$[0,1]$,值越大表示用户 u_i 越信任用户 u_a 的 QoS 反馈数据。

当所有用户之间的信任值都被评估后,可通过下式为用户 u_i 识别出一组可信邻居 $S(u_i)$。

$$S(u_i) = \{u_a \mid u_a \in U, T(u_i, u_a) \geq 0.5, u_a \neq u_i\} \quad (5.12)$$

式中:U 为 QoS 预测系统中的用户集。

由式(5.12)可知,信任值大于 0.5 的用户被认为是可信邻居。

最后使用可信邻居的 QoS 数据为当前用户的未知 QoS 数据进行预测,即

$$R_{ij}^u = \overline{R_i} + \frac{\sum_{u_a \in S(u_i)} T(u_i, u_a)(R_{aj} - \overline{R_a})}{\sum_{u_a \in S(u_i)} T(u_i, u_a)} \quad (5.13)$$

式中:R_{ij}^u 为用户 u_i 调用服务 s_j 的 QoS 预测值;$\overline{R_i}$ 为用户 u_i 观测到的不同服务的 QoS 平均值;$\overline{R_a}$ 为可信邻居 u_a 观测到的不同服务的 QoS 平均值。

5.3 基于服务的聚类

基于服务的聚类(UCluster)可以为当前用户识别出一组可信邻居,并利用他们的 QoS 数据进行预测,但是基于用户的聚类方法忽略了相似服务的信息可以提

升预测准确度。本节采用 K-means 聚类算法对不同 Web 服务的 QoS 数据进行聚类,然后根据不同 Web 服务被聚类为同一簇的频度,计算 Web 服务之间的相似度,以识别出目标服务的一组相似服务,最后利用相似服务的 QoS 数据预测该目标服务的 QoS。

1. Web 服务的 QoS 数据的聚类

对于用户 u_i,通过最小化下式来对其调用过的 Web 服务进行聚类。

$$J = \sum_{k=1}^{K_s} \sum_{R_{ij} \in C_i^k} \| R_{ij} - \mu_i^k \|^2 \tag{5.14}$$

式中:C_i^k 为用户 u_i 上的第 k 个簇;μ_i^k 为用户 u_i 第 k 个簇的中心;$k(1 \leq k \leq K_s)$ 为簇的编号。完成以上聚类过程后,服务将被聚类为若干个簇,处于同一个簇内的服务具有更高的相似性。

2. 相似服务挖掘

为了评估服务之间的相似度,可以对每个高信誉用户在不同服务上的 QoS 反馈数据进行聚类,然后根据不同服务被聚类为同一簇的频度计算服务之间的相似度。服务 s_j 和服务 s_r 被聚类为同一簇的次数可表示为

$$f(s_j, s_r) = \sum_{i \in U_w} I_i(s_j, s_r) \tag{5.15}$$

式中:$f(s_j, s_r)$ 为服务 s_j 和服务 s_r 在高信誉用户上被聚类为同一簇的次数;i 为用户的编号;$I_i(s_j, s_r)$ 为一个指示函数,当服务 s_j 和服务 s_r 在用户 u_i 上被聚类为同一簇时则取值为 1,否则取值为 0;U_w 为高信誉用户集,由下式定义。

$$U_w = \{ u_i \mid u_i \in U, \text{Rep}(u_i) \geq 0.5 \} \tag{5.16}$$

式中:U 为 QoS 预测系统中的用户集;$\text{Rep}(u_i)$ 为用户 u_i 的信誉度。

由式(5.16)可知,信誉度高于 0.5 的用户被视为高信誉用户。

当所有服务的 QoS 数据都被聚类后,服务之间的相似度可由下式计算得到。

$$\text{sim}(s_j, s_r) = \frac{f(s_j, s_r) - f_{\min}(s_j)}{f_{\max}(s_j) - f_{\min}(s_j)} \tag{5.17}$$

式中:$f_{\min}(s_j)$ 为服务 s_j 与其他服务被聚类为同一簇的最少次数;$f_{\max}(s_j)$ 为服务 s_j 与其他服务被聚类为同一簇的最多次数;$\text{sim}(s_j, s_r)$ 为服务 s_j 和服务 s_r 之间的相似度,其取值范围为 [0,1],值越高表示越相似。完成所有服务之间的相似度计算后,选取 Top-K 个最相似的服务集 $S(s_j)$ 作为服务 s_j 的邻居集。

3. 基于相似服务的 QoS 预测

最后利用目标服务 s_j 的邻居集 $S(s_j)$ 的 QoS 数据来为服务 s_j 未知的 QoS 数据进行预测,即

$$R_{ij}^s = \frac{\sum_{s_r \in S(s_j)} R_{ir} \times \mathrm{sim}(s_j, s_r)}{\sum_{s_r \in S(s_j)} \mathrm{sim}(s_j, s_r)} \tag{5.18}$$

式中：R_{ij}^s 为用户 u_i 调用服务 s_j 的 QoS 预测值；s_r 为服务 s_j 的邻居；$S(s_j)$ 为服务 s_j 的邻居集；R_{ir} 为用户 u_i 观测到的服务 s_r 的 QoS 值。

5.4 综合预测

通过结合 UCluster 和 SCluster 得到 QoS 预测结果，从而为当前用户准确地预测目标服务的未知 QoS 数据，最终的 QoS 预测值可表示为

$$\hat{R}_{ij} = \lambda R_{ij}^u + (1 - \lambda) R_{ij}^s \tag{5.19}$$

式中：R_{ij}^u 为基于用户的聚类方法得到的 QoS 预测结果；R_{ij}^s 为基于服务的聚类方法得到的 QoS 预测结果；$\hat{R}_{ij}$ 为当前活动用户预测的最终 QoS 值；参数 $\lambda (0 \leq \lambda \leq 1)$ 决定了最终的 QoS 预测值多大程度上依赖基于用户的聚类方法或基于服务的聚类方法。

5.5 时间复杂度分析

TAP 的时间复杂度主要包括两部分：UCluster 和 SCluster。

在 UCluster 部分，首先采用 K 均值聚类方法对不同用户提交的 QoS 反馈数据进行聚类，为一个服务的数据进行聚类的复杂度为 $O[tK_u m]$，其中 t 是 K 均值聚类中的迭代次数，K_u 是用户簇数，因此为所有服务的数据聚类的复杂度为 $O(tK_u mn)$。然后对用户反馈进行分类并计算用户信誉度，复杂度为 $O(mn)$。最后识别一组可信用户用于预测，为一个用户对计算相似度的复杂度为 $O(n)$，由于为活动用户需要计算 $m-1$ 个用户对的相似度，因此为所有用户计算相似度的复杂度为 $O[mn(m-1)]$。综上可知，UCluster 部分的总时间复杂度为 $O(tK_u mn) + O(mn) + O[mn(m-1)] = O(m^2 n)$。

在 SCluster 部分，首先对不同服务的 QoS 值进行聚类，为一个用户的 QoS 数据进行聚类的复杂度为 $O(tK_s n)$，其中 K_s 是服务簇数，因此为所有用户的数据进行聚类的复杂度为 $O(tK_s mn)$。然后计算不同服务之间的相似度，复杂度为 $O(n-1)$。最后识别出 Top-K 个相似服务用于预测，在寻找 Top-K 最相似服务过程中，需要 $O(n\log n)$ 为所有服务的相似度进行排序。因此为目标服务进行缺失值预测的复杂度为 $O(n\log n + \mathrm{Top}\text{-}K \cdot m)$，为所有服务进行预测的复杂度为 $O(n^2\log n + \mathrm{Top}\text{-}$

$K \cdot mn$)。由于 t, K_s 和 Top $- K$ 均为常量,因此 SCluster 部分的时间复杂度为 $O(tK_s mn) + O(n^2 \log n + \text{Top-}K \cdot mn) = O(mn + n^2 \log n)$。

综上可知,TAP 方法的总时间复杂度为 $O(m^2 n) + O(mn + n^2 \log n) = O(m^2 n + n^2 \log n)$。

5.6 实 验 验 证

本节采用网络上真实的 QoS 数据集 WS-DREAM[6]对 TAP 的预测准确性和鲁棒性进行评估,同时研究算法中参数对预测准确度的影响。实验环境:Intel Core i5-4210M 2.60GHz CPU,4GB RAM,算法实现工具为 MATLAB7.1。

1. 预测准确度评估

本节通过对比当前其他几种前沿方法,验证 TAP 方法的预测准确度。

(1) UIPCC[7]:一种结合基于用户的协同过滤和基于服务的协同过滤的综合方法。该方法充分利用了邻居用户和近邻服务的信息。

(2) RAP[8]:一种信誉感知的预测方法,首先基于用户反馈数据评估用户信誉度;然后将低信誉用户的数据排除在外;最后基于过滤后的数据采用混合协同过滤方法进行预测。

(3) CAP[9]:一种可信感知的预测方法,首先采用两阶段 K 均值聚类方法来识别不可信用户,然后采用可信邻居用户的数据用于预测。

由于现实环境中的 QoS 数据通常是较为稀疏的,实验中将 QoS 数据集矩阵密度从 5% 增长到 14%,用于模拟现实环境,对不同数据矩阵密度下的算法预测准确度进行评估。不可信用户比例设置为 10%,λ 参数设置为 0.5,K_u 和 K_s 参数设置为 4,Top-K 值设置为 10。表 5.2 和图 5.5 给出了各种方法在不同矩阵密度下的 NMAE 结果。

表 5.2 预测准确度对比

QoS 数据集	方法	矩阵密度(10% 不可信用户)								
		5%	6%	7%	8%	9%	10%	11%	12%	13%	14%
rt-Matrix	UIPCC	1.371	1.336	1.303	1.240	1.210	1.184	1.131	1.101	1.059	1.046
	RAP	0.908	0.916	0.920	0.893	0.873	0.863	0.823	0.778	0.729	0.681
	CAP	0.706	0.708	0.703	0.689	0.669	0.669	0.657	0.660	0.639	0.645
	UCluster	0.716	0.694	0.678	0.667	0.654	0.659	0.653	0.650	0.642	0.641
	SCluster	0.745	0.724	0.710	0.669	0.646	0.643	0.629	0.612	0.602	0.602
	TAP	0.658	0.643	0.635	0.614	0.599	0.601	0.594	0.584	0.579	0.577
Impro. vs CAP/%		7%	9%	10%	11%	11%	10%	10%	11%	9%	11%

续表

QoS 数据集	方法	矩阵密度（10% 不可信用户）									
		5%	6%	7%	8%	9%	10%	11%	12%	13%	14%
tp-Matrix	UIPCC	1.434	1.360	1.322	1.271	1.209	1.183	1.149	1.108	1.065	1.044
	RAP	0.995	0.970	0.963	0.966	0.911	0.925	0.930	0.942	0.872	0.815
	CAP	0.658	0.625	0.608	0.597	0.590	0.586	0.587	0.584	0.574	0.579
	UCluster	0.673	0.646	0.632	0.633	0.626	0.626	0.627	0.623	0.623	0.626
	SCluster	0.702	0.675	0.638	0.609	0.593	0.575	0.569	0.555	0.547	0.544
	TAP	**0.598**	**0.581**	**0.564**	**0.552**	**0.547**	**0.542**	**0.539**	**0.531**	**0.529**	**0.531**
Impro. vs CAP/%		9%	7%	7%	8%	7%	8%	8%	9%	8%	8%

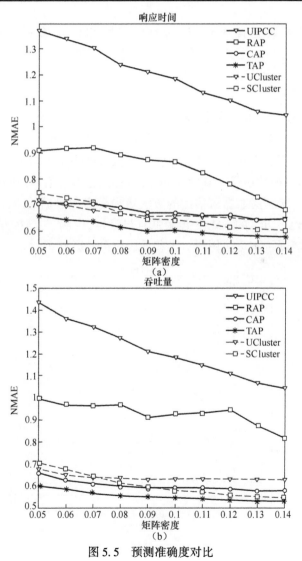

图 5.5　预测准确度对比

实验结果表明,随着矩阵密度的增加,所有方法的 NMAE 值都降低了,意味着通过提供更多的 QoS 数据,可以有效提升预测方法的准确性。在响应时间和吞吐量属性的预测中,TAP 方法在所有矩阵密度条件下均获得了最低的 NMAE 值。这是因为 TAP 准确地评估了用户的信誉度,并充分利用了可信邻居用户和相似服务的信息用于预测。具体来说,和目前最好的信任感知的方法 CAP 相比,TAP 可以在响应时间预测中提升 10% 的性能,在吞吐量预测中提升 8% 的性能。

此外,未考虑用户可信性而采用了不可靠数据的 UIPCC 方法的 NMAE 值最高,而其他方法通过降低不可信用户数据的比重等方式,普遍提升了推荐系统的准确性。这说明对于一个鲁棒的服务推荐系统而言,对不可信数据的处理是很有必要的。

TAP 在任意矩阵密度条件下,对响应时间和吞吐量的预测准确度均比 UCluster 或 SCluster 方法更高,即通过结合可信邻居用户信息和相似服务信息,预测准确度比只利用一种信息的方法更好。

2. 鲁棒性评估

为了验证 TAP 方法的鲁棒性,将不可信用户比例从 2% 增长到 20%,矩阵密度设置为 10%,其他参数设置同上。图 5.6 所示为鲁棒性评估。实验结果表明,当不可信用户增加时,所有方法的 NMAE 值都会增长,说明了不可信用户提供的虚假数据会损害推荐系统的质量。其中,UIPCC 方法随着不可信用户的增加,NMAE 值迅速增长,说明了未考虑数据可信性的方法更易受虚假数据的攻击。在不同的虚假用户比例下,TAP 方法的 NMAE 值最低且最稳定,说明了 TAP 方法通过准确评估用户信誉度,降低了不可信用户对推荐系统质量的影响。

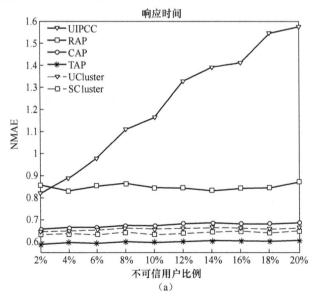

(a)

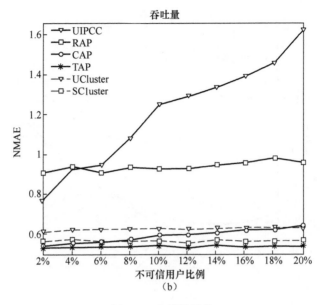

图 5.6 鲁棒性评估

3. 参数 λ 的影响

参数 λ 决定了如何综合利用 UCluster 和 SCluster 部分的预测结果,从而用于提升推荐系统质量。本节将 λ 从 0.1 增长到 1,用于研究参数 λ 对预测准确度的影响,不可信用户比例设置为 10%,其他参数设置同上。图 5.7 给出了在 5%、10% 和 15% 3 种矩阵密度条件下,响应时间和吞吐量的预测结果。

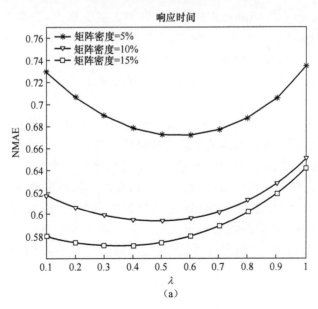

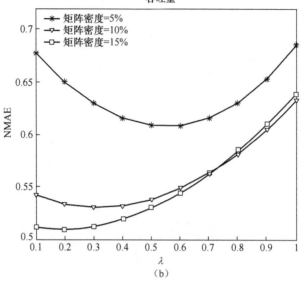

图 5.7 参数 λ 对预测准确度的影响

实验结果表明，λ 能很大程度上影响预测准确度。随着矩阵密度从 5% 提升到 15%，在响应时间预测时最优的 λ 值从 0.6 漂移到 0.3，在吞吐量预测时最优的 λ 值从 0.6 漂移到 0.2，说明了 λ 的最优值很大程度上受矩阵密度的影响。而当矩阵密度较高时，相似服务的信息更利于 TAP 获得更准确的准确度。

4. 参数 K_u 的影响

参数 K_u 决定了在 UCluster 中用户被聚类为多少簇，本节将 K_u 从 2 增长到 7，其他参数设置同上。实验在两个版本数据集下进行，其中一个版本的矩阵密度为 10%，不可信用户比例为 5%，另一个版本的矩阵密度为 20%，不可信用户比例为 10%。图 5.8 给出了在两个数据版本下的响应时间和吞吐量预测结果。

实验结果表明，参数 K_u 很大程度上会影响预测准确度。当 K_u 增长时，NMAE 值一开始下降然后达到某个最优值时开始增长。这是由于当 K_u 太小时，K 均值聚类方法无法准确地将可信用户和不可信用户区分开来，因此可信用户簇中可能包含大量的不可信用户，导致用户信誉度评估不正确，进而影响预测的准确度。而当 K_u 太大时，不可信用户有可能恰好占据了最大的簇而被识别为可信用户，从而对推荐系统质量造成极大损害。从图 5.8 中可以发现，当 K_u 取值为 3~6 时，预测性能较为稳定，且最优值受矩阵密度或不可信用户比例的影响都比较小。

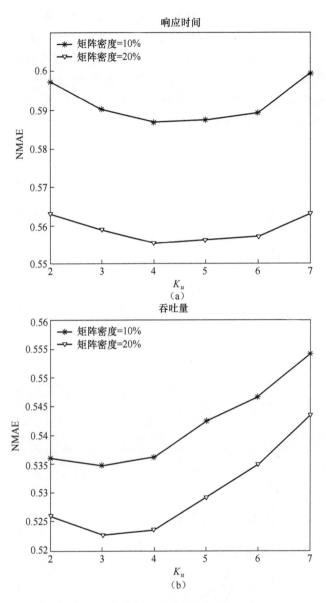

图 5.8 参数 K_u 对预测准确度的影响

5. 参数 K_s 的影响

参数 K_s 决定了在 SCluster 中服务被聚类为多少簇,本节将 K_s 从 2 增长到 7,其他参数设置同上。实验在两个版本数据集下进行,其中一个版本的矩阵密度为 10%,不可信用户比例为 5%;另一个版本的矩阵密度为 20%,不可信用户比例为 10%。图 5.9 给出了在两个版本数据集下的响应时间和吞吐量预测结果。

实验结果表明,当 K_s 在 5 以下增长时,NMAE 值迅速下降;而达到 5 以后趋于稳定。这是由于当 K_s 太小时,不相似服务可能被聚类为相同簇,造成相似度评估不正确,进而降低预测准确度;而当 K_s 太大时,相似服务有可能被聚类到不同的簇,同样会降低相似度评估准确性。实验结果还表明,通过增长 K_s 可以提升预测准确度,但性能提升并非是无限的。从图 5.9 中可以看出, K_s 的最优值同样不受矩阵密度或不可信用户比例的影响。

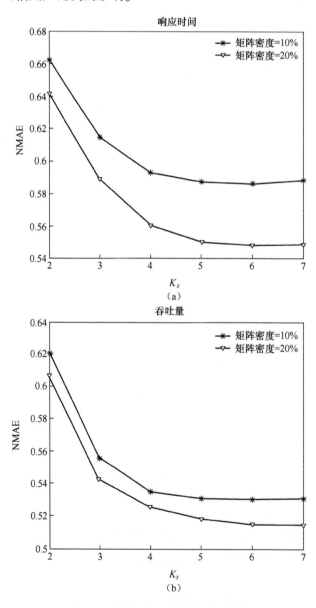

图 5.9 参数 K_s 对预测准确度的影响

5.7 本章小结

针对服务选择和推荐过程中,不可信用户的虚假 QoS 反馈数据的问题,本章提出一种信任感知的 QoS 个性化预测方法,首先提出通过基于用户的聚类和 Beta 信誉模型计算用户信誉度;然后识别出用户的一组可信邻居用户,并通过对服务 QoS 数据的聚类识别出目标服务的相似服务集;最后通过结合可信邻居用户和相似服务集的数据实现准确的预测。该方法准确地计算了用户的信誉度,大幅降低了不可信用户提交的不可靠数据对服务选择和推荐的影响,通过实验验证该方法的准确性和鲁棒性都比现有其他文献提出的方法更好。

参 考 文 献

[1] TRUONG H,SAMBORSKI R,FAHRINGER T.Towards a Framework for Monitoring and Analyzing QoS Metrics of Grid Services[C].2nd IEEE International Conference on e-Science and Grid Computing,2006:1-8.

[2] WANG Y,VASSILEVA J.A Review on Trust and Reputation for Web Service Selection[C].In Proc.Of the 27th International Conf.On Distributed Computing Systems Workshops,2007.

[3] ZHENG Z,MA H,R Lyu M,et al.Collaborative Web Service QoS Prediction via Neighborhood Integrated Matrix Factorization[J].IEEE Trans. on Services Computing,2013,6(3):289-299.

[4] 彭飞,邓浩江,刘磊.面向个性化服务推荐的 QoS 动态预测模型[J].西安电子科技大学学报(自然科学版),2013,40(4):207-213.

[5] ZHANG Y,ZHENG Z,R. LYU M.WSPred:A Time-Aware Personalized QoS Prediction Framework for Web Services[C].IEEE International Symposium on Software Reliability Engineering,2011:210-219.

[6] ZHENG Z, ZHANG Y, R LYU M. Distributed QoS evaluation for real-world Web services[C]. IEEE Int'l Conf. on Web Services, 2010: 83-90.

[7] ZHENG Z, MA H, HAO M,et al. QoS-aware Web service recommendation by collaborative filtering[J]. IEEE Trans. On Services Computing, 2011, 4 (2): 140-152 .

[8] QIU W, ZHENG Z, WANG X, et al. Reputation-aware QoS value prediction of Web services [C]. IEEE 10th International Conference on Services Computing, 2013: 41-48 .

[9] WU C, QIU W, ZHENG Z, et al. QoS prediction of Web services based on two-phase K-means clustering[C]. IEEE International Conference on Web Services, 2015: 161-168 .

第6章 Web服务的全局优化动态选择

6.1 引　　言

　　Web服务组合技术通过将网络上的原子服务按照特定的业务流程进行动态组合,可灵活地构建新的、更加复杂和强大的组合服务,以满足实际军事应用中日趋复杂的用户需求。随着Web服务技术和我军信息化水平的提升,网络上满足同一功能需求但QoS水平各异的原子服务数量呈指数增长。因此如何从众多候选服务中选取QoS性能优异的Web服务,使得由其构成的组合服务整体QoS性能满足用户的质量需求,即QoS驱动的Web服务选择问题,已经成为服务组合中的重要难点之一。

　　局部优化选择策略为组合服务中的各个抽象服务结点独立地选取QoS加权值最优的原子服务,尽管该策略效率很高,但是无法处理用户的全局QoS约束,并且根据局部最优选择出的组合服务结果也无法保证其QoS为全局最优。整数线性规划[1-2]等确定性全局寻优算法,虽然可以处理全局QoS约束,但算法运行时间随问题规模增大呈指数增长,无法满足大规模服务组合应用的实时性需求,并且由于要求目标函数和约束条件均为线性,算法实用性不高。遗传算法[3-6]、蚁群算法[7]等启发式智能优化算法因具有并行性、群体搜索特性和全局收敛性等特征,可快速地搜索出全局近似最优解,近年来被应用于服务全局优化选择问题。该类智能算法具有使用简单、通用性强、具备全局寻优能力和算法效率高等特点,但是算法运行结果大多依赖于参数选择,不同参数下的算法运行结果通常不太稳定,算法鲁棒性差,且容易陷入局部最优解,因此难以保证服务选择结果的全局最优性。

　　鉴于以上研究工作中存在的问题,本章将QoS驱动的服务全局优化选择建模为带约束的非线性最优化问题,并提出一种离散入侵杂草优化服务选择(discrete invasive weed optimization for web services selection,DIWOWS)算法对该问题进行求解。首先随机产生一组可行解并对其进行十进制编码产生初始种群;然后根据种群中个体的适应度确定每个个体的繁殖数,适应度越高的个体拥有越强的繁殖能力;最后采用高斯分布方式指导个体的扩散,即通过产生高斯随机数决定个体的变异概率和变异步长以生成新种子,完成对解空间的搜索。在算法的迭代过程中,逐步降低高斯分布的标准差,以此动态调整个体中码元的变异概率和变异步长,使得算法初期可以保持种群多样性以便扩大搜索空间；而算法后期则加强对优秀个体附近的局部搜索,保证算法的全局收敛性。理论分析与实验结果均表明,DIWOWS算法能够在可接受的时间范围内获得全局最优或全局近似最优解,是一种有效性高、鲁棒性强的可行服务选择算法。

6.2 服务质量驱动的服务选择问题建模

由式(2.6)可知,只考虑响应时间、吞吐量、可靠性和可用性4个QoS属性的组合服务QoS效用函数为

$$U(CS) = w_1 \cdot \frac{Q_{\max}(1) - q'_k(CS)}{Q_{\max}(1) - Q_{\min}(1)} + \sum_{k=2}^{4} w_k \cdot \frac{q'_k(CS) - Q_{\min}(k)}{Q_{\max}(k) - Q_{\min}(k)} \quad (6.1)$$

式中：$w_k(1 \leq k \leq 4)$为分配给各个QoS属性的权值,反映了用户的QoS偏好,w_k满足以下约束：

$$\sum_{k=1}^{4} w_k = 1 \quad (0 \leq w_k \leq 1, w_k \in R) \quad (6.2)$$

在式(6.1)中,$Q_{\min}(k)$和$Q_{\max}(k)$分别为抽象组合服务的所有实例化方案中的第k维QoS属性聚合值的最小值和最大值,可分别由式(6.3)和式(6.4)计算得到。

$$Q_{\min}(k) = \begin{cases} \sum_{j=1}^{n} \min_{\forall s_{ij} \in S_j} q_k(s_{ij}) & (k=1) \\ \min_{1 \leq j \leq n} \{\min_{\forall s_{ij} \in S_j} q_k(s_{ij})\} & (k=2) \\ \prod_{j=1}^{n} \min_{\forall s_{ij} \in S_j} q_k(s_{ij}) & (k=3,4) \end{cases} \quad (6.3)$$

$$Q_{\max}(k) = \begin{cases} \sum_{j=1}^{n} \max_{\forall s_{ij} \in S_j} q_k(s_{ij}) & (k=1) \\ \min_{1 \leq j \leq n} \{\max_{\forall s_{ij} \in S_j} q_k(s_{ij})\} & (k=2) \\ \prod_{j=1}^{n} \max_{\forall s_{ij} \in S_j} q_k(s_{ij}) & (k=3,4) \end{cases} \quad (6.4)$$

QoS效用函数可作为评估组合服务的QoS优劣性的统一度量标准,QoS效用值越高,表示组合服务的QoS性能越好。令0~1变量x_{ij}表示候选实体Web服务s_{ij}是否被选中参与服务组合,其中,$x_{ij}=1$表示第j个服务类中的第i个实体服务s_{ij}被选中,$x_{ij}=0$表示s_{ij}未被选中,并且将表2.2所示的组合服务QoS属性聚合函数代入式(6.1)可得

$$U(CS) = w_1 \frac{Q_{\max}(1) - \sum_{j=1}^{n}\sum_{i=1}^{m} q_1(s_{ij})x_{ij}}{Q_{\max}(1) - Q_{\min}(1)} + w_2 \frac{\operatorname{Min}_j(\sum_{i=1}^{m} q_2(s_{ij})x_{ij}) - Q_{\min}(2)}{Q_{\max}(2) - Q_{\min}(2)} +$$

$$\sum_{k=3}^{4} w_k \frac{\prod_{j=1}^{n}\sum_{i=1}^{m} q_k(s_{ij})x_{ij} - Q_{\min}(k)}{Q_{\max}(k) - Q_{\min}(k)} \tag{6.5}$$

令 C_1、C_2、C_3 和 C_4 分别表示用户对响应时间、吞吐量、可靠性和可用性的全局 QoS 约束，则 QoS 驱动的服务选择问题可以形式化地描述为带约束的 QoS 效用函数的最大化问题。

$$F = \operatorname{Max}(U(CS)) \tag{6.6}$$

满足约束条件：

$$\sum_{i=1}^{m} x_{ij} = 1 \quad (1 \leqslant j \leqslant n) \tag{6.7}$$

$$\sum_{j=1}^{n}\sum_{i=1}^{m} q_1(s_{ij})x_{ij} \leqslant C_1 \tag{6.8}$$

$$\operatorname{Min}_j(\sum_{i=1}^{m} q_2(s_{ij})x_{ij}) \leqslant C_2 \tag{6.9}$$

$$\prod_{j=1}^{n}\sum_{i=1}^{m} q_k(s_{ij})x_{ij} \leqslant C_k \quad (k=3,4) \tag{6.10}$$

式(6.7)表示组合服务中每个抽象服务结点对应的服务类中有且只有一个实体 Web 服务被选中,式(6.8)~式(6.10)分别表示对组合服务的响应时间、吞吐量、可靠性和可用性 4 维 QoS 属性的全局约束。由式(6.10)可知,QoS 驱动的服务全局优化选择实际上是一个带约束的非线性最优化问题,6.3 节将讨论如何采用 DIWOWS 算法对该问题进行求解。

6.3　离散入侵杂草优化服务选择算法

杂草算法(invasive weed optimization,IWO)是由 Mehrabian 和 Lucas 提出的一种模拟自然界中杂草繁殖过程的新型启发式智能优化算法[8]。杂草是指自然界中具有顽强生命力和环境入侵性的植物,能够对异种植物的生长造成严重威胁。杂草通过不断提高自身对环境的适应度来保持种群的生存能力。杂草算法模仿了自然界杂草的种子生成、种子扩散、生长繁殖和竞争消亡等基本过程,其特点在于进化过程中充分利用种群中的优秀个体来指导算法搜索过程,具有很强的鲁棒性、自适应性和全局收敛性。目前杂草算法已经被应用到天线的优化设计和配置[9-10]、移动通信系统基站选址优化[11]、DNA 编码序列设计[12]、前向神经网络学习[13]和图像聚类[14-15]等多个研究领域。

由于传统的杂草算法只能处理连续空间的优化问题,本节结合服务选择的问题特点,在传统的杂草算法基础上提出了一种离散入侵杂草优化服务选择(DIWOWS)算法。DIWOWS算法的主要步骤为:首先随机产生若干个满足约束条件的服务选择可行解,并将其编码为十进制码组用以表示杂草个体;然后根据杂草个体的适应度确定其繁殖的种子个数,种子个体以正态分布方式在其父代周围扩散,满足约束条件的种子个体与其父代个体共同组成下一代种群,以达到优良解保持的目的;最后当种群的杂草个体超过预设的最大种群规模 P_{max} 时,取适应度最好的前 P_{max} 个杂草个体进入下一轮迭代,该过程不断重复直到达到预设的最大迭代次数,从而完成解空间的并行搜索过程。当算法终止时,得到一个码组集合,表示算法输出的服务选择优化解集。DIWOWS算法的具体描述如表6.1所示。

表6.1　DIWOWS算法

算法:DIWOWS(discrete invasive weed optimization for web service selection,离散入侵杂草优化服务选择)
输入:最大种群规模 P_{max} ,最大迭代次数 $iter_{max}$
输出:服务选择优化解集 P
Begin
1　初始化杂草种群 P
2　**For** (iter = 1;iter ≤ $iter_{max}$;iter ++)
3　　**For** each $P_i \in P$
4　　　采用式(6.5)计算杂草个体 P_i 的适应度值 f_i
5　　　根据个体 P_i 的适应度值确定繁殖的种子数 W_i
6　　　Temp,$\widehat{P_i} \leftarrow \varnothing$
7　　　**For** (j = 0;j ≤ W_i;j ++)
8　　　　为个体 P_i 生成新种子 $\widehat{P_i}$
9　　　　**If** (Constr($\widehat{P_i}$)) **then**
10　　　　　Temp ← Temp ∪ $\widehat{P_i}$
11　　　　**Else** Goto(9)
12　　　**End If**
13　　　**End For**
14　　　$P \leftarrow P \cup$ Temp
15　　**End For**
16　　**If** ($|P| > P_{max}$) **then**
17　　　保留种群 P 中适应度值最高的 P_{max} 个杂草个体
18　　**End If**
19　**End For**
20　Output P
End

DIWOWS算法的第1步表示杂草种群P的初始化,详见6.3.1节;第4步表示采用式(6.5)计算杂草个体对应的服务选择解的QoS效用值,并将其作为杂草个体的适应度值;第5步表示根据杂草个体的适应度值确定其生成的种子数,详见6.3.2节;第7~13步表示为杂草个体生成新种子,其中Temp为临时集合,用于存放杂草个体产生的新种子,Constr(·)判定新种子是否满足全局QoS约束条件,详见6.3.3节;第14步表示将满足全局QoS约束的新种子加入种群P;第16~18步表示选取种群P中适应度最好的前P_{max}个杂草个体进入下一次迭代。经过若干次迭代后,算法输出的最优种群P即代表了服务选择的若干个全局近似最优解。

6.3.1 初始化操作

1. 初始杂草种群P的生成

随机产生L个满足约束条件的服务选择可行解,作为算法的初始杂草种群。具体描述如表6.2所示。其中第3步表示采用随机方式产生单个杂草个体,第4步判断个体是否满足全局QoS约束条件。

表6.2 Init Weed Population 算法

算法:Init Weed Population
输入:初始种群规模L,目标函数F,约束条件集C
输出:初始种群P
Begin
1    $P \leftarrow \varnothing$
2   For $(i=1; i \leq L; i++)$
3   rand(P_i)
4   If (Constr(P_i)) then
5            $P \leftarrow P \cup P_i$
6   Else Goto(3)
7   End If
8   End For
9   Output P
End

2. 解空间的编码

由定义1.1~1.3可知,假如抽象组合服务$CS_{abstract}$中共包含n个抽象服务结点,则抽象组合服务可以表示为$CS_{abstract} = \{S_1, S_2, \cdots, S_n\}$。同时假设每个抽象服务结点对应的服务类中均包含$m$个实体候选Web服务,则可对各个服务类中的实体服务进行排序并编号。引入十进制变量x_j表示第j个抽象服务结点选中的候选服务在其服务类中的编号,由假设可知,x_j满足$1 \leq x_j \leq m$,其中$1 \leq j \leq n$,则服务选择问题的可行解可由十进制码组$x_1, x_2, x_3, \cdots, x_n$表示。其中,第$j$个码元对

应 x_j 的取值,按照抽象服务结点的编号顺序排列成一个码组,表示一种可能的服务选择方案。例如,当 $n=5$ 时,编码空间中的 $\{x_1=3, x_2=6, x_3=2, x_4=5, x_5=9\}$ 则对应解空间中的 $\{x_{31}=1, x_{62}=1, x_{23}=1, x_{54}=1, x_{95}=1$,其他变量均为 $0\}$。满足式(6.8)~式(6.10)定义的全局 QoS 约束条件的码组称为有效码组;反之则称为无效码组。表 6.3 给出了解空间的编码方式。

表 6.3　解空间的编码方式

抽象服务结点编号	1	2	3	…	j	…	n
被选中的实体服务在服务类中的编号	x_1	x_2	x_3	…	x_j	…	x_n

6.3.2　生长繁殖

根据杂草个体的适应度值确定其生成的种子数,进行种群的繁殖。适应度越高,生成的种子数越多;反之,则越少。下式给出了种子数的计算公式[8]。

$$W_i = \begin{cases} \left[\dfrac{f_i - f_{\min}}{f_{\max} - f_{\min}}(W_{\max} - W_{\min}) + W_{\min}\right] & (f_{\max} \neq f_{\min}) \\ W_{\max} & (f_{\max} = f_{\min}) \end{cases} \quad (6.11)$$

式中:W_i 为当前种群第 i 个杂草个体生成的种子数;f_i 为第 i 个个体的适应度值,即由杂草个体对应的服务选择解代入式(6.5)计算得到的 QoS 效用值;$f_{\max}$ 和 $f_{\min}$ 分别为当前种群中个体适应度的最大值和最小值;$W_{\max}$ 和 $W_{\min}$ 均为算法预设的参数,分别表示个体可产生的最大种子数和最小种子数,该参数值可根据实际问题进行调整。图 6.1 给出了个体的种子数计算示意图。由图 6.1 可知,个体的种子数与其适应度值满足线性正相关关系。

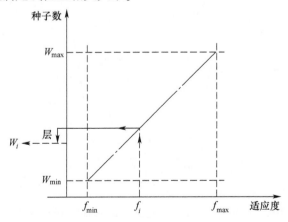

图 6.1　个体的种子数计算方式

6.3.3 空间扩散

生成的种子以正态分布的方式在其父代杂草个体附近的 n 维空间进行扩散（n 为杂草个体的码组长度）。正态分布的期望为 0，标准差随算法的迭代过程而由预设的初值递减到某个终值。标准差的计算公式[8]为

$$\sigma_{\text{iter}} = \left(\frac{\text{iter}_{\max} - \text{iter}}{\text{iter}_{\max}}\right)^q (\sigma_{\text{initial}} - \sigma_{\text{final}}) + \sigma_{\text{final}} \quad (6.12)$$

式中：σ_{iter} 为当前迭代步的标准差；iter 为当前迭代次数；$\text{iter}_{\max}$ 为最大迭代次数；σ_{initial} 和 σ_{final} 分别为预设的标准差初始值和终值，在 DIWOWS 算法中将它们分别设为 $m/2$ 和 3，即码元的最大取值 m 越大，标准差初始值则越大；q 为非线性调和因子，一般取经验值 3[14]。传统的 IWO 算法根据正态分布 $N(0, \sigma_{\text{iter}}^2)$ 产生 n 维随机扩散值，然后与杂草个体叠加得到相应的种子个体。在 DIWOWS 算法中，同样采用正态分布 $N(0, \sigma_{\text{iter}}^2)$ 产生 n 维随机扩散值，但该扩散值不直接与杂草个体叠加，而是采用某个函数将其映射为相应码元的变异概率，以变异概率对杂草个体的码元进行变异操作而产生种子个体，且变异步长也随标准差的递减而缩短。假设在第 iter 轮迭代中，某杂草个体的第 j 个码元的扩散值为 d_j，则可通过式(6.13)将其映射为该码元的变异概率。图 6.2 给出了码元扩散值到码元变异概率的映射函数曲线图。

$$pr_j = \frac{1}{1 + e^{-d_j + \frac{m}{2}}} + \frac{1}{1 + e^{d_j + \frac{m}{2}}} \quad (6.13)$$

式中：pr_j 为杂草个体的第 j 个码元的变异概率；d_j 为第 j 个码元的扩散值；为满足正态分布 $N(0, \sigma_{\text{iter}}^2)$ 的某个随机数；m 为码元的最大取值。

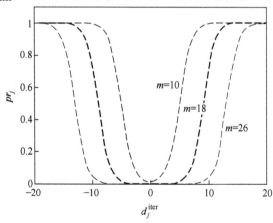

图 6.2 码元扩散值到码元变异概率的映射函数曲线图

在算法的初期,正态分布的标准差 σ_{iter} 较大,则产生的随机扩散值 d_j 分布范围较广,由图 6.2 可知,其映射后得到的码元变异概率 pr_j 及变异步长也较大,以此加强对解空间的全局搜索。而在算法的后期,正态分布的标准差较小,产生的随机扩散值分布较密,大多集中在均值 0 附近,则映射后得到的码元变异概率及变异步长缩小,以此加强对优秀个体附近的局部搜索。从图 6.2 中还可以看出,码元的最大取值 m 越小,映射函数曲线越窄;反之,则曲线越宽。这是因为当 m 值较小时,产生的高斯随机扩散值范围则较小,此时映射函数的横坐标应相应压缩,使得更多值能够映射到高变异概率,从而防止码元的变异概率过小而陷入局部收敛;而当 m 值较大时,产生的高斯随机扩散值则范围分布较广,此时映射函数的横坐标应相应展宽,以减少映射到高变异概率的扩散值,从而防止码元的变异概率过大而导致算法随机性过强。

当得出每个码元的变异概率后,通过产生满足 [0,1] 均匀分布的随机数来指定变异码元,并采用满足正态分布 $N(0,\sigma_{iter}^2)$ 的随机数作为变异步长与原有码元值进行叠加并向零取整后,得到变异后的新种子个体,最后将种子中小于 0 和大于 m 的码元分别取值为 0 和 m。表 6.4 给出了种子的生成过程。

表 6.4 Seed Generator 算法

算法:Seed Generator
输入:杂草个体 P_i,当前迭代次数 iter,码元最大取值 m,码组长度 n
输出:新种子 $\widehat{P}_i$
Begin
1   对杂草个体的 n 维扩散值 d 赋初值 0
2   采用式(6.12)计算当前迭代次数对应的正态分布标准差 σ_{iter}
3   For $(j = 1; j \leq n; j++)$
4        $d_j \leftarrow \text{normrnd}(0, \sigma_{iter})$
5   采用式(6.13)计算 d_j 映射的第 j 个码元的变异概率 pr_j
6   If $(pr_j \geq \text{rand}[0,1])$ then
7          $d_j \leftarrow \text{fix}(\text{normrnd}(0,\sigma_{iter}))$
8   Else $d_j \leftarrow 0$
9   End If
10      $\widehat{P}_i^j \leftarrow P_i^j + d_j$
11   If $(\widehat{P}_i^j < 0)$ then
12        $\widehat{P}_i^j \leftarrow 0$
13   Else If $(\widehat{P}_i^j > m)$ then
14        $\widehat{P}_i^j \leftarrow m$
15   End If
16   End For
17   Output $\widehat{P}_i$
End

在 Seed Generator 算法中,第 4 步表示产生满足正态分布 $N(0,\sigma_{\text{iter}}^2)$ 的随机数作为码元的扩散值;第 5 步表示采用式(6.13)所示的映射函数将码元的扩散值 d_j 映射为码元的变异概率 pr_j;第 6~10 步表示通过生成满足[0,1]均匀分布的随机数来确定该码元是否变异,具体为将码元的变异概率与该随机数进行对比,假如前者高于后者,则进行变异,否则就保持原值,码元的变异通过生成满足正态分布 $N(0,\sigma_{\text{iter}}^2)$ 的随机数作为变异步长与原码元值进行叠加来实现,其中 rand[0,1] 表示生成满足[0,1]分布的随机数,fix(·) 表示对码元的变异步长进行向零取整运算,以保证码元取值的合法性;第 11~15 步表示将小于 0 和大于 m 的码元分别取值为 0 和 m。

由 DIWOWS 算法的原理可知,适应度越高的杂草个体,其生成的新种子数就越多;适应度较低的杂草个体,也可以生成较少的种子。该机制在保证优秀种子拥有更大繁殖机会的同时,兼顾了适应度低的种子也具有一定的繁殖机会。种子以正态分布方式在其父代杂草个体周围扩散,且标准差随迭代次数递减,这样既可以充分保证算法初期种群的多样性以加强全局搜索,也可以在后期加强对优秀个体附近的局部搜索以保证算法的全局收敛性。

6.4 算法理论分析

6.4.1 时间复杂度分析

QoS 驱动的服务全局优化选择问题的复杂度主要由 3 个参数决定,即抽象组合服务的抽象服务结点数 n、服务结点的候选服务数 m 和约束条件数 k。采用穷举法遍历解空间的时间复杂度为 $O(m^n)$,采用整数线性规划的时间复杂度最差情况下为 $O(2^{mn})$[16]。当 n 和 m 较大时,如某组合服务包含 10 个抽象服务结点,每个抽象服务结点包含 10 个候选服务,则穷举法与整数线性规划的时间复杂度分别为 $O(10^{10})$ 和 $O(2^{100})$,显然难以满足系统的实时性需求。采用蒙特卡罗法在解空间内随机抽样 m^q 个点(其中 q 为小于 n 的某个整数),可以在降低系统时间消耗的情况下以高概率获得近似最优解,但随着问题规模的增大,计算量同样可观。文献[17]提出的改进遗传算法(IPAGA)的时间复杂度为 $O(\text{iter}_{\max}nL + \text{iter}_{\max}L\log L)$,主要由最大迭代次数 $\text{iter}_{\max}$、抽象服务结点数 n 和种群规模 L 3 个要素决定,而与 m 无关,它是一种具有线性复杂度的有效算法。但是遗传算法的交叉概率和变异概率等参数的选择对服务选择解的优劣性影响较大,而且当 m 和 n 取值较大时算法容易陷入局部收敛。DIWOWS 算法的时间复杂度主要包括生成新种子、判断种子的有效性和基于适应度排序的个体选择 3 个部分。假设最大迭

代次数为 $\text{iter}_{\max}$，最大种群规模为 $P_{\max}$，个体可产生的最大种子数为 $W_{\max}$，约束条件数为 k，则生成新种子的时间复杂度为 $O(\text{iter}_{\max}P_{\max}W_{\max}n)$，判断种子有效性的时间复杂度为 $O(\text{iter}_{\max}P_{\max}W_{\max}nk)$，基于适应度排序的个体择优时间复杂度为 $O(\text{iter}_{\max}P_{\max}W_{\max}\log(P_{\max}W_{\max}))$。因此，DIWOWS 算法的总时间复杂度为 $O(\text{iter}_{\max}P_{\max}W_{\max}(n+nk+\log(P_{\max}W_{\max})))$。由于只考虑响应时间、可靠性、可用性和吞吐量 4 个 QoS 属性约束，即 $k=4$，因此 DIWOWS 算法的时间复杂度可简化为 $O(\text{iter}_{\max}P_{\max}W_{\max}(n+\log(P_{\max}W_{\max})))$。由于 $\text{iter}_{\max}$、$P_{\max}$ 和 $W_{\max}$ 均为常量，因此算法的运行时间随着抽象服务结点数 n 的增大呈线性增长，而与抽象服务结点中的候选服务数 m 无关。也就是说，DIWOWS 较穷举法、整数线性规划和蒙特卡罗法而言，具有更优的算法效率。

6.4.2 收敛性分析

定理 6.1 假设存在满足约束条件的服务选择方案，则 DIWOWS 算法在迭代足够多次后收敛于 QoS 效用值最优解。

证明：假设满足约束条件的解空间有限并记为 $E(E\neq\varnothing)$，$x(x\in E)$ 表示某个可能的服务选择方案，iter 为进化代数，N 为最大进化代数，第 iter 代种群的最优个体为 $x_{\max}^{\text{iter}}$。将 E 中的每个元素视为一个状态，且按照 QoS 效用值进行降序排列，则离散状态空间 $E=\{x_1,x_2,\cdots,x_{|E|}\}$。由 DIWOWS 算法的原理可知，每代种群均由上一代种群个体及其产生的种子组成，而与之前代无关。因此随机序列 $\{x_{\max}^{\text{iter}},\text{iter}=1,2,3,\cdots,N\}$ 为有限马尔可夫链。由于在算法中父代种群均得以保留到下一代进行优胜劣汰，因此对于任意 $i<j$，有 $x_{\max}^i \leqslant x_{\max}^j$。文献[18]证明了满足该条件时，该马尔可夫链具有遍历性，并且 $\lim\limits_{\text{iter}\to\infty}x_{\max}^{\text{iter}}=x_1$。因此 DIWOWS 算法在迭代足够多次后，收敛于 QoS 效用值最优解。

6.5 实验分析

本节采用 QWS 数据集[19-20]对 DIWOWS 算法的有效性、最优度和收敛性进行实验评估。QWS 数据集通过 WSCE 服务爬虫技术从 UDDI、服务搜索引擎和服务门户网站等公开网络中获取了 5000 个真实的 Web 服务，并对它们的响应时间、吞吐量、可靠性和可用性等 11 个 QoS 属性进行测量。表 6.5 给出了 QWS 数据集中的若干个真实 Web 服务的服务名称、QoS 属性值和 WSDL 文档地址等信息存储范例。

表 6.5　QWS 数据集

Web 服务的服务名称	响应时间	吞吐量	可靠性	可用性	WSDL 文档地址
DOTSPhoneAppend	0.118	0.7	70.2%	80%	http://ws2.serviceobjects.net/pa/phoneappend.asmx? wsdl
DOTSGeoPhone	0.26	12.3	78.7%	80%	http://ws2.serviceobjects.net/gp/GeoPhone.asmx? wsdl
PhoneNotify	0.437	1	68.4%	69%	http://ws.cdyne.com/NotifyWS/phonenotify.asmx? wsdl
PhoneVerity	0.131	1.6	65.9%	72%	http://ws.cdyne.com/phoneverify/phoneverify.asmx? wsdl
Phonebook	0.464	3.1	43.2%	80%	http://www.barnaland.is/dev/phonebook.asmx?
FastWeather	0.125	13.5	86.4%	80%	http://trial.serviceobjects.com/fw/FastWeather.asmx? wsdl
WeatherForecast	0.261	1.8	58.1%	80%	http://www.webservicex.net/WeatherForecast.asmx? wsdl
WeatherFetcher	0.16	2.2	73.3%	84%	http://glkev.webs.innerhost.com/glkev_ws/WeatherFetcher.asmx? wsdl
WeatherService	0.19	12.4	54%	80%	http://asyncpostback.com/WeatherService.asmx? wsdl
GlobalWeather	1.463	2.4	53.5%	84%	http://www.webservicex.com/globalweather.asmx? wsdl

在实验中,随机将 QWS 数据集分为若干个服务类,每个服务类表示可满足某个抽象服务结点相关功能性需求的若干个 Web 服务的集合。为了便于分析,每个服务类中的候选 Web 服务数均取相同值。实验环境为:Intel Core2 Quad 2.50GHz CPU,4GB RAM,操作系统为 Windows XP,算法实现工具为 MATLAB7.1。

6.5.1　最优度评估

本实验通过比较穷举法、蒙特卡罗法、文献[17]提出的改进遗传算法(IPAGA)和 DIWOWS 算法的最优度,以评估 DIWOWS 算法输出解的优劣性。本节将最优度定义为:算法的输出解与穷举法输出解对应的 QoS 效用值的比值。在该实验中,组合服务的抽象服务结点数 n 设为 5,每个抽象服务结点的候选服务数 m 由 5 递增到 50,4 个 QoS 属性的权值 $w_k(1 \leq k \leq 4)$ 均设置为 0.25(权值仅反应用户对各 QoS 属性值的偏好,而对算法的结果影响不大,因此不失一般性,实验采用均等的权值)。图 6.3 给出了穷举法、蒙特卡罗法、IPAGA 和 DIWOWS 算法的输出解最优度对比。其中，蒙特卡罗法的参数 q 设置为 4，IPAGA 的最大交叉概率、最大变异概率、种群大小、代沟和 K 等参数分别设置为原文所述的 1、0.2、40、0.8 和 0.02，DIWOWS 算法的初始种群大小 L、最大种群规模 P_{max}、个体最大种子数 W_{max} 和个体最小种子数 W_{min} 等参数分别设置为 40、50、5 和 1，IPAGA 和 DIWOWS 算法的最大迭代次数均随 m 的增加而由 100 递增到 600。图 6.3 表明，候选服务数 m 在不同的取值下，DIWOWS 的输出解最优度均保持在 97% 以上，明显优于蒙特卡罗法和 IPAGA 算法，因此是一种全局优化能力较强的服务选择算法。

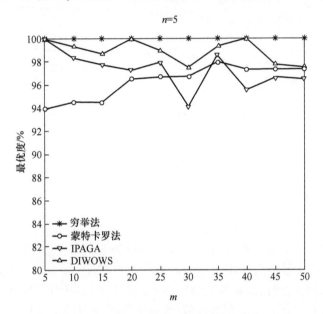

图 6.3 算法输出解的最优度对比图

6.5.2 有效性实验

本实验通过比较穷举法、蒙特卡罗法、文献[17]提出的改进遗传算法（IPAGA）和 DIWOWS 算法的运行时间，用以评估 DIWOWS 算法的时间性能，所有算法的参数设置与 6.5.1 节相同。

图 6.4 给出了穷举法、蒙特卡罗法、IPAGA 和 DIWOWS 算法的时间性能对比图。从图 6.4 中不难发现，随着 m 的增大，穷举法与蒙特卡罗法的运行时间呈指数增长，而 IPAGA 和 DIWOWS 算法虽然随着 m 的增大增加了算法的迭代次数，但运行时间并没有大幅增长，而是呈现出线性增长的方式。从图 6.4 中还可以看出，DIWOWS 算法的运行时间略高于遗传算法，6.5.3 节将讨论在组合服务规模较大时，DIWOWS 算法以时间换质量的必要性。

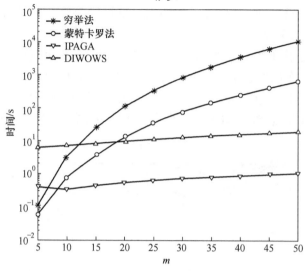

图 6.4 算法的时间性能对比图

6.5.3 收敛性实验

本实验将 DIWOWS 与 IPAGA 算法的收敛性能进行对比。IPAGA 算法的交叉概率、变异概率、种群大小和代沟以及 DIWOWS 算法的 L、P_{max}、W_{max} 和 W_{min} 等参数设置均与 6.5.1 节相同。在图 6.5(a)所示的实验中,n 和 m 分别设置为 10 和 50,两种算法的最大迭代次数均设置为 500。图 6.5(a)表明,DIWOWS 和 IPAGA 算法分别在迭代 200 和 400 次后收敛,并且前者的收敛结果明显优于后者。在图 6.5(b)所示的实验中,n 和 m 分别设置为 25 和 100,两种算法的最大迭代置次数均设置为 1500。

从图 6.5 中可以发现,DIWOWS 算法在迭代 600 次左右后收敛,而 IPAGA 算法在迭代 100 次左右收敛。虽然后者的收敛速度较快,但由于陷入了局部最优值,因此最终收敛结果明显低于前者。通过将图 6.5(a)和图 6.5(b)对比后还可以发现,当服务组合规模较大时,DIWOWS 算法的收敛性能优势更为明显。结合图 6.4 可知,虽然 DIWOWS 算法在运行时间上略高于 IPAGA 算法,但是输出解的质量却大大优于后者,因此在实际应用中需要在时间性能和解质量两者之间进行权衡。在图 6.5(b)所示的服务结点数为 25、服务类的候选服务数为 100 的情况下,DIWOWS 算法一般在 10s 左右就可以搜索到全局近似最优解。因此,可以认为,DIWOWS 算法能够在可接受的时间范围内获得用户满意的服务选择方案。在实验中,还发现 IPAGA 算法的参数设置对其收敛结果影响较大,而 DIWOWS 算法的收敛结果则对参数的设置并不敏感,说明后者具有更强的鲁棒性。一般将 P_{max} 和

W_{max} 取为 50 和 5 即可满足各种服务组合规模的求解需求。

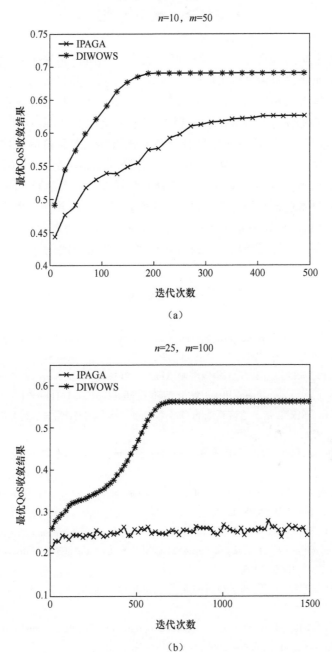

图 6.5 DIWOWS 与 IPAGA 算法的收敛结果对比

6.6 本章小结

QoS 驱动的 Web 服务全局优化选择是服务动态组合领域中的重要问题。本章将服务选择问题建模为带约束的非线性最优化问题,并且针对目前服务选择算法的全局优化能力弱和时间复杂度较高等不足,提出了一种离散入侵杂草优化服务选择算法(DIWOWS)。该算法首先随机产生一组服务选择可行解并将其编码为十进制码组杂草个体;然后采用高斯分布方式指导杂草种群的扩散以完成对解空间的搜索过程。通过变化高斯分布的标准差来动态调整杂草个体中的码元变异概率和变异步长,使得算法初期可以保持种群多样性以扩大搜索空间,而算法后期则加强对优秀个体附近的局部搜索,以保证算法的全局收敛性。理论分析与实验结果均表明,DIWOWS 算法能够在可接受的时间范围内获得较优的服务选择解,是一种有效性高、全局优化能力和鲁棒性较强的服务选择优化算法。

参 考 文 献

[1] ARDAGNA D,PERNICI B.Adaptive Service Composition in Flexible Processes[J]. IEEE Trans. On Software Engineering,2007,33(6):369-384.

[2] ZENG L, BENATALLAH B, DUMAS M. Quality Driven Web Services Composition [C]. Proceedings of the International World Wide Web Conference,2003:411-421.

[3] 张成文,苏森,陈俊亮.基于遗传算法的 QoS 感知的 Web 服务选择[J].计算机学报,2006,29(7):1029-1037.

[4] 刘书雷,刘云翔,张帆,等.一种服务聚合中 QoS 全局最优服务动态选择算法[J].软件学报,2007,18(3):651-655.

[5] MA Y,ZHANG C.Quick convergence of genetic algorithm for QoS-driven Web service selection[J].Computer Networks,2008,52(5):1093-1104.

[6] CANFORA G,DIPENTA M,ESPOSITO R.An approach for QoS-aware service composition based on genetic algorithm[C].In Proc.of the 2005 Conf. On Genetic and Evolutionary Computation. Washington,2005:1069-1075.

[7] 夏亚梅,程渤,陈俊亮,等.基于改进蚁群算法的服务组合优化[J].计算机学报,2012,35(2):270-281.

[8] MEHRABIAN A R,LUCAS C.A novel numerical opimization algorithm inspired from weed colonization[J].Ecological Informatics,2006,1(4):355-366.

[9] ROSHANAEI M,LUCAS C,MEHRABIAN A R.Adaptive beamforming using a novel numerical optimisation algorithm[J].IET Microwaves,Antennas&Propagation,2009,3(5):765-773.

[10] MALLAHZADEH A R,ORAIZI H,DAVOODI Z.Application of the invasive weed optimization

technique for antenna configuration[C].Progress In Electromagnetic Research,2008,PIER 79: 137-150.

[11] ZDUNEK R,IGNOR T.UMTS base station location planning with invasive weed optimization[C]. ICAISC 2010,Part II,LNAI 6114:698-705.

[12] ZHANG X,WANG Y,CUI G,et al.Application of a novel IWO to the design of encoding sequences for DNA computing [J].Computers&Mathematics with Applications,2009,57(11): 2001-2008.

[13] GIRI R,CHOWDHURY A,GHOSH A,et al.A Modified Invasive Weed Optimization Algorithm for Training of Feed-Forward Neural Networks[C].IEEE Int'l Conf.on System Man and Cybernetics,2010:3166-3173.

[14] KARIMKASHI S,KISHK A A.Invasive Weed Optimization and its Features in Electromagnetics [J].IEEE Trans.on Antennas and Propagation,2010,58(4): 1269-1278.

[15] 苏守宝,方杰,汪继文,等.基于入侵性杂草克隆的图像聚类方法[J].华南理工大学学报（自然科学版）,2008,36(5):95-105.

[16] ALRIFAI M,RISSE T.Combining Global Optimization with Local Selection for Efficient QoS-aware Service Composition [C].Proc.of the 18th Int'l Conf.On World Wide Web,2009: 881-882.

[17] 苏凯,马良荔,郭晓明,等.一种QoS感知的服务全局优化选择算法[J].华中科技大学学报（自然科学版）,2014,42(4):72-76.

[18] 张氢,陈丹丹,秦仙蓉,等.杂草算法收敛性分析及其在工程中的应用[J].同济大学学报（自然科学版）,2011,38(11):1689-1693.

[19] Al-MASRI E,MAHMOUD Q H.Discovering the best Web service[C].In Proc. of the 16th Int'l Conf.on World Wide Web,2007:1257-1258.

[20] Al-MASRI E,MAHMOUD Q H.QoS-based discovery and ranking of Web services[C].IEEE 16th Int'l Conf.on Computer Communications and Networks,2007:529-534.

第7章 面向服务的装备经费软件系统集成建设

7.1 引　言

装备经费是指国家用于军队装备建设事业的经费,在我国国防费中日渐占据核心地位。装备经费从性质上主要分为建设性经费、维持性经费和政府专项经费三大类。其中,建设性经费主要包括国防科研试制费、装备订购费和装备军内科研费;维持性经费主要指装备维修管理费。各类经费所承担的任务和保障对象具有较大差异,其中国防科研试制费主要用于武器装备预先研究、型号研制和技术基础等研究任务保障;装备订购费主要用于武器装备的购置费用保障;装备维修管理费主要用于部队武器装备的维护、修理,以及维修器材、设备购置和装备管理业务等保障。

由于各类装备经费的任务主体、保障对象和管理模式均有较大差异,因此在不同的历史时期形成了用于各类专项经费信息化管理的软件系统。其中,"全军国防科研试制费管理信息系统"主要用于国防科研试制费的预算、拨款、结算和决算等管理活动;"全军装备订购费管理信息系统"主要用于装备订购费的预算、用款计划、结算和决算等管理活动。装备维修管理费按照其用途分别采用项目管理和标准计领两种管理方式,分别由"全军装备维修项目经费预决算管理系统"完成装备维修计划项目预算和决算的管理活动,由"全军装备维修标准经费决算管理系统"完成各级部队的标准经费决算管理活动。也就是说,我军装备经费中的国防科研试制费、装备订购费和装备维修管理费三大类主要经费的预算、结算、决算等财务信息化管理活动分别由四型装备财务软件系统保障。此外,还有部分零散经费如装备军内科研费、装备重大专项经费、作战试验鉴定经费等由其他软件系统保障。目前这些装备经费软件系统采用的软件技术平台、编程语言、数据库系统和数据交换规范等均存在较大差异,系统之间无法实现业务上的互联互通和数据上的充分共享。装备经费数据的相互孤立状态,影响了装备经费数据资源发挥其在装备经费统筹管理、资源配置、运行调控和辅助决策中的重要作用。

鉴于此,本章讨论如何以面向服务的架构模式对装备经费软件系统进行业务集成改造,并且通过构建装备经费数据仓库,实现对国防科研试制费、装备订购费、装备维修项目经费和装备维修标准经费等装备经费管理系统的业务与数据集成。

采用面向服务的体系结构对现有装备经费软件系统进行集成改造具有几点优势。

(1) 可以基于现有的软件系统来改造,不需要彻底重构系统。原有的业务功能组件可以通过服务来封装、注册和访问,其他业务部门调用服务时只需了解它的名称和接口参数,无须关注服务的内部实现细节及服务之间的数据交互方式。

(2) 便于重复利用业务服务。已经创建的业务服务不必与特定的系统和特定的网络相连接。服务是独立的,服务之间的通信框架使得服务重用成为可能。对于业务需求变化,能够方便快捷地构建松耦合的组合服务,以提供更为优质和快速的用户响应。

(3) 跨平台性。通过标准接口,不同服务之间可以自由地调用,而不必考虑所调用服务的物理地址、软件开发平台和编程语言等。

(4) 易维护和良好的伸缩性。依靠服务设计、开发和部署所采用的架构模型实现了良好的伸缩性,服务提供者可以独立调整服务以满足新的业务需求,而服务使用者则可以通过组合变化的服务来实现新的需求。

7.2 面向服务的装备经费软件系统集成体系结构

当前军队财务正在加速推进信息化建设,实现跨越式发展的转型期,财务保障需求发展较快。因此系统架构既需要能够映射平时层级分明、界限清晰的保障管理体制,又需要充分考虑联合保障的需求,寻求满足两者要求的最大交集。面向服务的装备经费软件系统集成体系结构,就是将各种财务信息系统的业务组件、数据资源等通过 Web 服务的形式,按照不同层面,部署、运行在统一的面向服务的体系架构(SOA)中。

借鉴企业服务总线(enterprise service bus,ESB)集成思路,遵循 SOA,可将面向服务的装备经费软件系统集成体系结构由上至下分为表示层、管理层、业务层、Web 服务层、应用层和数据层,如图 7.1 所示。该结构从装备经费管理全局的角度,按照多层结构进行设计,考虑诸多应用系统之间的相互配合关系,有助于装备经费业务信息系统整体性能的优化,并且该结构还在现有的基础设施之上,利用网络的开放性和协议的规范性,在信息系统应用集成领域提供松耦合的应用层、业务流程层以及解决方案层的集成。另外,由于采用 Web 服务技术标准,所有应用系统都变为一个松散结构中的服务组件,系统接口、应用通信、数据转换和目录信息都是建立在开放的、被广为接受的标准之上的,使得用户能迅速地访问到他们所需要的信息。

各层的主要功能如下。

(1) 数据层通过数据集成消除数据孤岛,实现分布数据源的统一管理。我军财务信息系统各子系统采用的数据库平台不同,标准各异,包含 Access、Oracle、MS

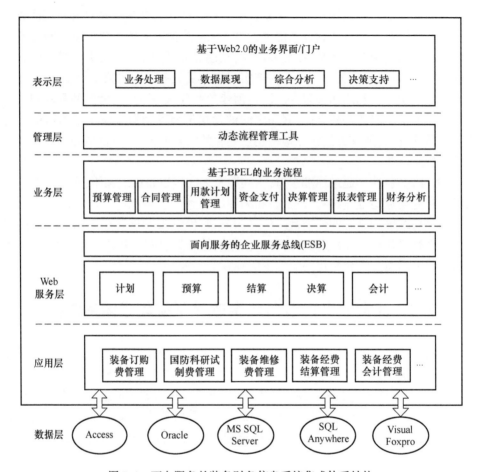

图7.1 面向服务的装备财务信息系统集成体系结构

SQL Server、SQL Anywhere 和 Visual Foxpro 等多种数据库形式。通过统一的数据访问,可解决信息访问不标准、不规范的问题,而且可以通过 Web 服务的方式对外发布数据,提高信息的共享性。此外,数据层还可以实现不同业务部门的信息交换需要,通过数据交换服务,数据信息可以被及时地传送到其他系统或应用中。

(2) 应用层主要是由装备财务业务核心应用构成的,为上层提供底层技术支撑,如应用程序平台、操作系统等。同时,在底层技术平台支撑的基础上提供一定的功能,如应用程序、用户、角色、访问等信息主体以及数据系统等。在应用层中,利用 Web 服务技术将可复用的业务功能封装起来,将它们由业务应用提升为业务服务,如往来数据交换、通用字典管理、数据传输等公共业务服务组件,以及相关财务业务服务组件。目前现有装备财务业务系统中的应用由 Java、.NET、VC 等不同技术实现,并且可运行在不同的平台上。因此可以采用 Web 服务技术对各种应用进行封装,实现这些可复用应用模块之间的互联互通。

（3）服务层主要包括 ESB 以及包装好的 Web 服务。为实现多个应用系统之间的通信和协作，该层首先将各类应用包装为 Web 服务，这些服务在本层中被公开地提供使用且相互之间不存在任何联系，但是通过 ESB 后，它们可以独立存在或通过动态组合成为组合服务，即将相关的服务串联起来，最后由 ESB 去驱动业务流程并使之流动。这样一方面可以利用以前的信息资源，另一方面可以以较小的代价实现各子系统之间的交互。服务层是实现面向服务的体系架构的关键一层，其主要目标是通过该层实现 SOA 的服务包装、注册、发布、查询、绑定和调用。

在服务层中，并不是像传统的服务调用方法那样，由客户端直接向服务提供者发出请求。假设有 m 个服务客户端，n 个服务提供者，那么服务客户端对服务的调用路径最多可达 $m \times n$ 条。如果因为业务需求要用新的服务实现替换已有的 n 个服务，或者发布这 n 个服务的服务器地址发生变化，那么将使可能多达 $m \times n$ 条调用路径必须重写，如图 7.2 所示。

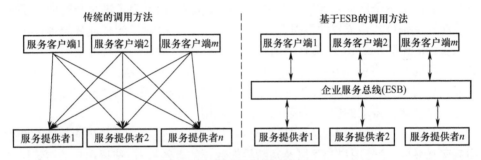

图 7.2 服务调用方法比较

ESB 提供服务中介的能力，使得服务使用者能够以技术透明和位置透明的方式来访问服务，而且因为服务客户端只和企业服务总线打交道，企业服务总线将真正的服务提供者的地址、传输协议以及服务的具体实现都隐藏起来了。延用上一个假设，在具有 m 个服务客户端和 n 个服务提供者的前提下，使用企业服务总线后，服务客户端通过企业服务总线来对服务进行访问。这时，无论服务提供者发生什么变化，只需要维护发布到企业服务总线上的 n 个服务即可，m 个服务客户端的调用代码不需要有任何变化。

ESB 使得松耦合具有平台独立服务的概念得到了更好体现，充当使用不同数据和消息格式、网络协议和编程语言的服务之间的"黏合剂"。

（4）业务层即业务逻辑层，通过分析各种业务逻辑过程，利用 BPEL 技术，把服务层中公开的各类服务在该层定义其组合关系，然后按照流程进行服务编排，将相关服务绑定到某一个流程，从而作为单独的应用程序实现一定的功能，实现企业的实际业务流程运作，并且最终通过该层真正实现 SOA 中的业务流程处理功能。

业务层是基于 BPEL 的业务流程管理框架，该层主要提供符合业务流程需求的粗粒度服务以及一些对应基础应用的细粒度服务。另外，在业务层之所以要使用 BPEL 技术，是因为 BPEL 是基于 XML 流程定义的语言，可以定义一组 Web 服务根据业务流程的需要按照一定的顺序执行，同时包括定义在这些 Web 服务之间共享的数据、业务流程涉及哪些伙伴和这些伙伴在业务流程中扮演什么角色、共同的异常处理以及关于多个服务和组织的参与方式。而且通过 BPEL，SOA 可以对服务化的业务系统实现无须人工参与、自动化的处理和调用，从而实现更灵活、更经济、更高效的管理业务流程。

（5）管理层。即流程管理层，主要提供一些流程管理工具。当业务流程通过该层时，可以根据业务需求，让其直接通过，或者将其暂时关闭，或者改变与之相对应的业务界面等，最终通过该层实现随机应变的 SOA 的目的。

在实际工作中，由于管理的需要，经常要对业务做出变更，而每变更一个业务，就意味着产生一个新的功能以及与之相对应的流程，如果为了满足新的业务需求去重新开发则可能造成资源浪费及冗余。因此，管理层除了管理业务层提供的业务流程（根据业务需求，让其直接通过，或者将其暂时关闭，或者改变与之相对应的业务界面），还有就是在一定条件下，实现随机应变的 SOA，即在该层通过一些流程管理工具，根据业务层提供的细粒度服务，对原来的服务进行重新编排，生成能够满足新业务需求的粗粒度服务，供用户使用。

（6）表示层主要为本地用户或外部用户提供一个统一的业务界面。通过提供用户交互界面，接受用户交互以及判断界面数据的有效性等，使得用户通过该层访问与其相关的业务流程和具体功能，即将表示层作为一种用户接口与外界信息实现交互。

由于现有装备经费业务系统的各类应用软件开发的年代、使用的工具、语言、系统运行的平台不同，可能会出现界面风格不统一、只能显示静态数据、无法实现数据的实时更新等问题，因此为了向用户提供一个统一的界面，需要利用 Web 2.0 的技术，在表示层构造一个界面美观、风格统一、能够实时更新数据的业务平台界面。这种方法的优势是可以完全屏蔽原系统界面的差异性，使所有功能的外观和使用体验趋于一致，使用户获得更佳的使用体验。

7.3 面向服务的装备经费软件系统集成技术框架

图 7.3 给出了装备经费内部系统集成技术框架。由 1.1 节可知，面向服务的体系架构中主要包括服务请求者、服务提供者和服务注册中心 3 个主体。

1. 服务提供者

在装备经费软件系统中，如"全军国防科研试制费管理信息系统""全军装备订购费管理信息系统""全军装备维修项目经费预决算管理系统""全军装备标准经费决算管理系统""装备经费会计账务处理系统"等,都有一些数据或功能需要被共享。在面向服务的装备经费软件系统集成中,这些需要共享的业务功能和数据在应用集成框架中将以服务的形式被共享。例如,在装备经费管理应用中,就需要将"综合预算管理系统"的预算数据查询功能、"资金结算管理系统"的经费执行

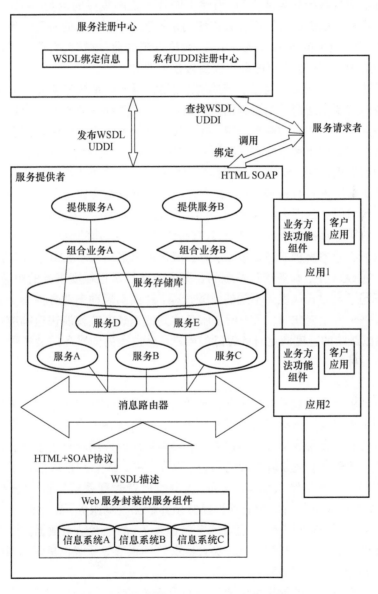

图7.3 装备经费内部系统集成技术框架

数据查询功能设计为 Web 服务并对外发布,以供"会计账务管理系统"调用。这些系统在信息系统集成框架中担当服务提供者的角色。

在装备经费软件系统集成的具体实施过程中,首先将现有的各子系统封装成 Web 服务,将它们原来以各种 API 形式暴露的接口用 WSDL 重新描述;然后使用 HTML+SOAP 的消息传输方式作为与外界交互的桥梁。采用 Web 服务封装应用系统可屏蔽原有系统的实现细节,消除不同技术之间集成的困难,Web 服务封装使外部应用程序以统一的松耦合方式使用系统服务,当业务的实现逻辑需要更改时,只要 Web 服务的 WSDL 接口不变,无论系统的业务逻辑、实现技术甚至是更换全新的应用系统,客户程序都不需要做任何改动。

消息路由器用于接收信息系统的请求消息,当某一系统需要使用服务存储库中的服务时就要发送请求消息到消息路由器中,消息路由器根据消息的内容和接收者的信息转发到相应的服务引擎,并将服务的操作结果返回给该信息系统。

服务存储库用于存放所有已有服务。服务必须是独立的,它应该不依赖于其他服务的状态而存在。SOA 不同于面向对象的技术,它可将界面技术与实施技术隔离,以此来展现各种服务,在部署方面,这些服务通常比对象更具独立性。这些服务可构成财务部门内部和部门之间综合集成系统的功能组件。

通过对服务存储库中的已有 Web 服务的组合所构建的组合服务包含财务信息系统内所有业务流程的逻辑表示,业务流程可以采用基于 XML 的 BPEL 语言进行描述。在 SOA 中,财务信息系统的业务流应该是对粗粒度服务的组装和排序,服务的不同组合方式代表了不同的业务过程,从而实现动态业务模型。当财务系统的业务需求发生变化时,只需调整服务之间的组装方式就能快速响应业务的变化,从而以最快的速度满足财务保障的需求,这也是面向服务的装备财务信息系统集成的目标。

2. 服务请求者

服务请求者是寻找并调用服务,或者启动与服务交互的客户应用程序。当在一个应用中集成其服务提供者提供的服务时,就需要在该应用中开发调用该服务的客户端代码。在集成框架中可以看到,参与集成的应用既充当了部分服务提供者的角色,又充当了服务请求者的角色。例如,在军队财务管理信息系统的预算编制应用中,"预算编制系统"不仅为"基本建设费管理系统"和"科研费管理系统"提供基本建设费与科研费的项目经费预算数据查询服务,而且是"生活费管理系统"的实力数据查询服务和"会计账务管理系统"的经费结余数据查询服务的消费者。此外,基本建设费管理系统、会计账务管理系统等系统也是既担当服务提供者,也担当服务消费者的角色。

客户应用对服务的调用可以通过访问服务在本地应用的代理来实现。这样对服务的调用与通常的内部函数调用一样,这对集成来说是一个很好的特点。当然，服务请求者还可以由浏览器来充当，在集成时服务之间的相互调用能够实现更加复杂的业务功能，此时服务请求者又可以是一个 Web 服务。

3. 服务注册中心

服务注册中心提供搜索服务的功能，服务提供者在此发布他们的服务描述。在静态绑定开发或动态绑定执行期间，服务请求者查找并获得服务的绑定信息。对于静态绑定的服务请求者，服务注册中心是体系架构中的可选角色，因为服务提供者可以把描述直接发送给服务请求者。同样，服务请求者可以从服务注册中心以外的其他来源得到服务描述，如本地文件、FTP 站点、Web 站点等。

服务描述可以使用多种不同机制发布到多个服务注册中心。这些服务注册中心针对不同的应用类型，从服务访问者的权限对服务描述进行分类屏蔽访问。在装备经费软件系统集成技术框架中给出的是两种普遍意义上的 UDDI 节点。

(1) 私有 UDDI 注册中心。财务部门内部为了进行其自身的系统应用程序集成而使用的 Web 服务应该被发布到这类 UDDI 节点。此类 UDDI 节点的范围可以是某一部门的或单独的应用程序。这些 UDDI 位于防火墙之后，允许许多服务发布者对他们的服务注册中心和它的访问权、可用性以及发布要求有更多的控制。

(2) 公有 UDDI 注册中心。可以在军队内部网上查找和使用的 Web 服务可以使用公有 UDDI 节点。该服务注册中心运行在服务提供者的防火墙之外，处于公众网络上。

如图 7.4 所示，跨部门的装备经费软件系统集成的过程主要有：作为服务提

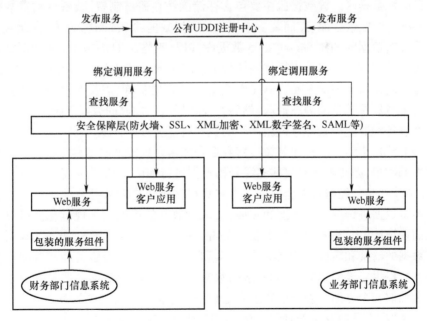

图 7.4　装备经费软件系统与业务部门系统集成技术框架

供者的财务部门信息系统或业务部门信息系统运用 Web 服务的封装技术将信息系统封装成业务组件，再按 Web 服务标准对这些功能组件或业务服务打包成 Web 服务组件，部署到部队的 Web 服务器上，通过部队 Web 服务门户将其在信息中心登记发布，使其可以被其他应用所访问、接收及响应 Web 服务请求者的调用。作为服务请求者的信息系统，根据自身业务的需要，借助 UDDI 注册中心提供的接口发出查询请求，通过认证或授权许可后，将获得他们所需的 Web 服务的 URL 地址，并按照 WSDL 文档中描述的 Web 服务调用接口信息，将服务提供者的 Web 服务绑定到自身的业务流程里，然后通过 SOAP 消息传输机制穿透防火墙实现对服务提供者所提供的 Web 服务的功能调用。作为服务提供者的信息系统在接收到 Web 服务请求者的请求后，将运行结果以 XML 的格式返回给服务请求者。

7.4　装备经费软件系统数据集成与分析

可以通过构建装备经费数据仓库，实现对分布于各种数据库，以及 XML 和 Excel 等半结构化或结构化的历史装备经费数据的抽取、加载和转换，实现装备经费数据集成，为装备经费软件系统业务互操作、装备经费数据挖掘、智能数据分析等提供重要基础。装备经费数据集成与分析系统体系结构如图 7.5 所示。

装备经费数据集成与分析系统体系结构主要由源数据区、数据集结区、数据仓库和数据分析与展示区 4 个部分组成。

（1）源数据区。源数据区主要包含存储国防科研试制费、装备订购费数据的 SQL Server 2008 数据库、存储装备维修项目经费数据的 Oracle 数据库、存储装备维修标准经费数据的 SQL Server 2005 数据库，以及各类以 XML 或 Excel 等形式存储的历史数据文件。可以采用微软商业智能（BI）数据仓库工具提供的 OLE DB 跨平台数据访问接口实现对 SQL Server 数据库、Oracle 数据库，以及 XML、Excel 文件中存储的装备经费数据的静态抽取，然后开发数据增量抽取的数据库脚本文件，实现对各类装备经费业务管理系统新产生的数据更新至数据仓库。

（2）数据集结区。构建装备经费数据仓库需要集成来自多种装备经费业务数据源中的数据，因此需要对这些多源异构数据进行抽取，转换为标准化和规范化格式，并加载到装备经费数据仓库中。数据集结区主要是对从源数据区抽取的各类装备经费数据进行统一的清洗和转换，实现对数据的标准化和规范化。可以采用微软商业智能（BI）数据仓库工具提供的 integration services（SSIS）服务实现对装备经费数据的清洗和转换。数据抽取、转换和加载的目的是为装备经费数据挖掘与决策支持提供集成的、单一的和权威的数据源。装备经费数据抽取包含静态抽取和增量抽取两个方面。静态抽取主要是数据仓库构建时需完成的对装备经费历史数据的抽取；增量抽取用于对数据仓库的维护，即在静态抽取后装备经费业务系统

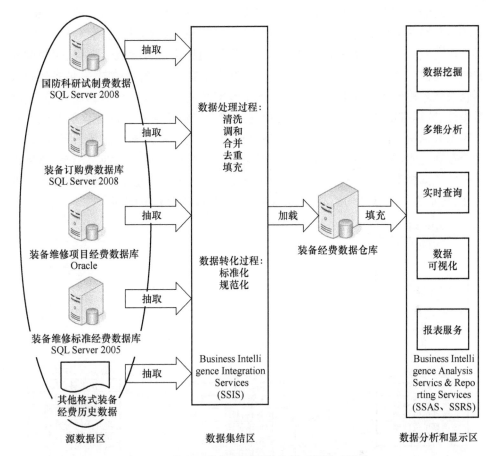

图 7.5 装备经费数据集成与分析系统体系结构

数据库增加或产生变化的装备经费数据。在完成数据抽取后,需采用数据清洗技术对源数据库中冗余的、失真的、不一致的和缺失的等噪声数据进行清洗,从而提升源数据的质量。同时,由于各型装备经费管理软件的源数据格式各异、量纲不同,如装备订购费预算金额数据格式为 decimal 型,金额单位为万元,而装备维修标准经费金额数据格式为 numeric 型,金额单位为元,因此需将各类装备经费源数据的格式转换为数据仓库中的统一格式和量纲,以及根据数据分析需求将源数据中多个字段数据转换成各类汇总级数据。

(3)数据仓库。数据仓库实现对数据集结区转换后的标准数据的加载,装备经费数据仓库的逻辑模型采用星形模式构建,如图 7.6 所示。

传统的装备经费软件系统的数据模型以面向装备经费预算、结算和决算等财务管理业务的二维数据为主,装备经费数据仓库主要面向业务主题的数据分析。传统的二维数据模型难以达到对业务数据进行灵活、高效和多维的汇总和分析目的。装备经费配置涉及多个关联维度,如时间、预算单位、装备类别、地理位置、工业部门和经费类别等,要实现从多个维度对装备经费数据进行挖掘、分析和研究,必须构建装备经费的多维数据模型。多维数据模型构建包含概念建模、逻辑建模和物理建模3个阶段。概念建模方法主要有数据立方体、信息包图法,装备经费数据仓库概念建模主要从概念角度自顶向下地对装备经费数据仓库的业务特征、度量指标、数据维度和数据粒度等进行描述。逻辑建模主要在概念建模的基础上确立多维数据模型的逻辑模式,主要包括星形模式、雪花模式和事实星形模式,装备经费数据仓库逻辑建模主要是将装备经费数据分析的业务主题抽象出来,然后设计多维数据模型的逻辑模式。物理建模型主要是对逻辑模型中的各种实体表的具体化,包括表的数据结构类型、索引策略、数据存储位置和分配等。

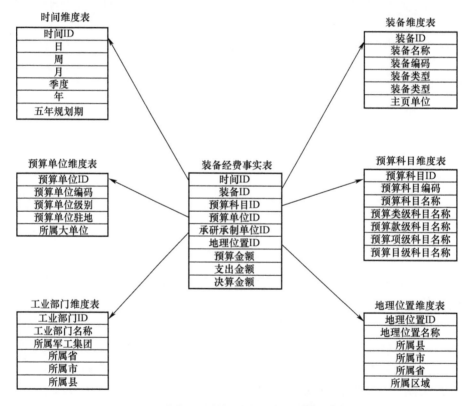

图 7.6 装备经费数据仓库星形多维数据模型

图 7.6 所示的多维数据模型包括一个装备经费事实表和时间维度、装备维度、预算单位维度、预算科目维度、工业部门维度、地理位置维度 6 个维度表。该模型可以支持系统快速访问装备经费预算、支出和决算等事实数据,且各个维度表定义了概念分层结构,便于系统实现灵活、高效、可定制的汇总数据查询(例如,"十三

五"期间海军舰船装备科研费、订购费和维修费预算分配比例),还可实现从多个维度观察事实数据的特征,以满足不同用户的决策分析需求。

(4)数据分析与展示区。数据分析与展示区是用于用户访问的网络化平台,可实现装备经费数据的实时查询、挖掘、分析、可视化展示和报表导出等功能。可以采用微软商业智能(BI)数据仓库工具提供的 analysis services(SSAS)服务设计完成装备经费数据挖掘模型和算法,分析并找出现有装备经费数据的内在关系,进而采用 reporting services(SSPS)服务完成装备经费自定义报表和交互式报表的开发和数据可视化展现,如图 7.7 和图 7.8 所示。

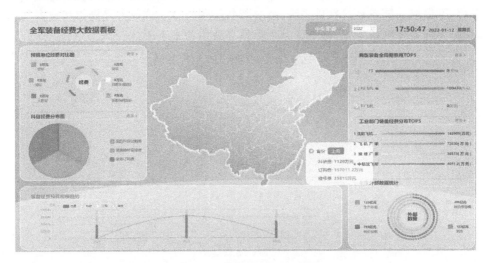

图 7.7 装备经费总体态势图

图 7.8 装备经费数据看板

7.5 本章小结

本章主要讨论如何以面向服务的体系架构模式对装备经费软件系统进行业务集成改造,提出了面向服务的装备经费软件系统集成体系结构和技术框架,对其中的关键技术步骤进行了探讨,分析了通过构建装备经费数据仓库,实现对装备经费软件系统数据集成的目的,从而为海量装备经费数据智能化分析和决策支持平台构建提供支撑。通过装备经费软件系统业务集成和数据集成,可以实现松耦合、跨平台、可集成的装备经费软件系统,解决装备经费软件系统业务互操作和数据共享问题,为装备经费科学化、精细化管理提供高效的技术手段。